为改变而生

吴玲伟 著

四川文艺出版社

送给我的两个宝贝,尧尧和舜舜

每一个改变者,都值得致敬

改变者:爱因斯坦

他突破性地创立了狭义相对论、广义相对论,并推动了量子力学的诞生。

他说:不管时代的潮流和社会的风尚怎样,人总可以凭着自己的品质,超脱时代和社会,走自己正确的道路。

改变者:弗罗伦斯·南丁格尔

她是世界上第一位真正的女护士,开创了护理事业,成为护士精神的代名词。

她说:找借口好吗?我的成功归于:我从不找借口,也绝不接受借口。

改变者：乔布斯

他改变了我们看待世界的方式，让我们可以躺着看世界、走着看世界、随时看世界。

他说：活着就是为了改变世界，难道还有其他原因吗？

改变者：埃隆·马斯克

他是钢铁侠的原型，实现了私人公司火箭发射并顺利折返、海上火箭回收等壮举。

他说：我认为普通人有可能选择成为不平凡的人。当某件事足够重要时，即使机会对你不利，你也要去做。

序：给每一个勇敢的你

今天和一个即将从大公司高级职位离职的女孩一起吃饭，她曾经参加过我的引导师认证，之后一直视我为她的职场导师，这次离职正是要加入我的一个新项目来担任合伙人。在交流中，她问我，V 姐，我之所以想加入进来，就是因为看到你的坚持，我是个不那么坚定的人，但是因为你的坚持，我觉得我也一定能够坚持下来。不过，我还是想问你，这几年去做一个创业公司，你是怎么让自己坚持下来的？今天回头看离开大公司的选择，包括离开联想、离开洪泰这些大平台，自己做 AA，你会后悔吗？

我回答她：对于我来说，人生从来没有后悔，只有遗憾，我不会为我走过的路后悔，但是可能会为我想做而没有坚持去做到，没有看到期望的结果而遗憾。

从大企业高管，到给企业 CEO 做教练，都是非常富足和稳定的工作，但是似乎始终没有达到自己内心对于事业和个人使命的追求。

回头看这几年，最能平衡自己内心的只有一个词："价值！"过去的每一年每一月每一天，我都在学习，都在不断更新和升级自己的认知，所以，自己每天都在获得价值。而在学习中，我不只是汲取，从学习做一个专业的投资人，到做一个真正能赋能改变的加速器，再到打造出一套真的能够帮助大家看到改变的工具系统，让普通的个体、平凡的项目也可以通过科学、系统的方式来追求改变世界的力量，这就是在为他人创造价值。这也是我内心的个人使命和对事业的追求，把个人能力产品化，发现和助力未来的改变者，帮助在路上的人创业更简单、创新更勇敢。

作为一个每天都在为自己和为他人创造价值的人，我又怎么会后悔呢？如果有一天，这样的一个工具系统真的能像操作系统或者芯片一样，帮助每个项目在正确的道路上，敢于行动、敢于改变、加速改变，那么就是一个功德了，为了一个这样的功德，过程的艰难又算什么呢？就像马云说的：梦想总是要有的，万一实现了呢！如果这个梦想真的实现了，那对于我这个平凡的人来说就是赚到了，我又怎么会遗憾呢？！

女孩问我，如果项目失败了怎么办？我们投入的钱收不回来怎么办？

于是我问她，在你心里是如何衡量"成功"与"失败"的呢？是不是钱是唯一的答案？对于未来的几年你想好你要付出的代价了吗？你确实准备好了吗？未来的两年可能和你过去在大企业里很不一样，不可能那么稳定，会更加辛苦，需要接地气，我们的收入都来自我们自己的打拼和用户对我们价值的认可，但是如果你看重这个过程，你确定这是你想要的改变，那么这两年带给你的价值也许会胜过你过去的5、6年。如果你能秉持对用户的心，对产品价值的信念，这个项目就很可能成功；即使项目没有如预期般带给你等量或者超值的财富，至少你有了一次改变的经历和体验，这个改变就是你人生中最宝贵的财富，我们每个人，其实都是为改变而生的。

每个人似乎都是这个世界的尘埃，每天平凡地过着自己的日子，不知不觉有了家庭，有了孩子，不知不觉就老了，人生中"我是谁""为什么而活""活得开心吗"似乎并没有那么重要，但是当夜晚来临，或者追忆往事，你又难免会有情绪，会有怨愤：那时候我其实可以，却为什么没有试着去改变一下？

我有时候会去思考为什么我会那么好奇，不仅自己总是喜欢去做一些别人没有做过的事情，对于发现和助力改变这件事还那么执着，这大概和我的父亲母亲有点关系。

我的父亲母亲在我心里就一直是这样的印象，他们有很好的能力、远大的抱负，在他们那个年代都曾经是非常优秀的个体，但是因为各种原因而没有尽力尝试，直到今天心中还有诸多的不满。我的母亲曾经出生在一个大富之家，母亲一家3个兄弟5个姐妹都是喜欢读书之人。母亲是其中特别好强的，也是非常聪慧的，在临高考时，本来正憧憬着进入哪所优秀的学校，却遭遇全国宣布停止高考，突然就失去了上大学的机会。

我的父亲是20世纪60年代初的正牌大学生，学习土木工程的，人到中年，有了自己的地位和能力，就想去帮助年轻人发展，用自己的信用帮人做了背书贷款，结果项目失败了，责任却是父亲背了，从此，父亲就成为一个寡言沉默的人。

在他们的人生中，感觉有好多的壮志未酬。如果当年恢复高考，母亲有勇气去试一次，无论结果如何都了却了一桩心愿；如果父亲在创业投资的路上，有人提醒他如何去规避风险，也许一切都不一样。

在他们的心里，都有一颗希望改变的心，却因为时代、家庭，还有各种原因，而没有实现。

凯迪拉克有一句广告词"Dare greatly"，中文翻译是要实现伟大，首先要勇敢地迈出第一步，不过我更喜欢直译：敢于伟大！

每个人其实都有"伟大"的期待，每个人也都可能"伟大"，尤其今天这个时代，是个体价值最大化的时代，也是个体IP崛起的时代。有无数种方式、无数个平台在帮助个体成功，为有特点、有追求、有坚持的个体喝彩。

关于"伟大",没有年龄、性别、种族、阶层的区别,也没有非如此不可的约定。当你想去改变什么,你想去为这个世界、为这个社会、为你的周遭,甚至为你当下的自己变得更丰盛、更美好、更有趣……去做出不一样的改变,这就是"伟大"!一切伟大皆源自平凡。

那么,怎样就是"敢"呢?尝试做点跟过去不一样的事,迈出第一步,不管结果如何,先让改变发生。当改变发生了,今天的你、此刻的你,就与上一刻的你有了本质的变化。

有一句话叫"光明来自内心,黑暗来自大脑",与其想得太多,在脑中反复演绎,不断思考失败的可能,纠结于他人的看法,不如跟随内心去做一些只属于你的真正的改变。

在这本书中,就是跟大家聊聊关于改变,人生的每一天、每一步都在改变,我们的生命就是为改变而生的一生。在书里我会和大家聊聊我对改变的看法,我如何适应改变,改变的方法、改变的工具、改变的精神,以及身边一些改变的案例。希望不管你看到哪一页,如果它帮助你更勇敢地去行动了,那么这本书就有了它的价值,我也要谢谢你,因为是你,让我看到了写这本书的意义。

把这本书送给每一个期待改变和正在改变的你!愿你的人生更加勇敢和坚定,因改变而绽放!

目录

第一章 改变第一步:做好时间管理 / 001

如何对抗互联网下的精力分散 / 003
自律也能很有趣 / 010
健康的生活方式是精力的源泉 / 017
高质量独处,是一种能力 / 024
你怎么过一天,就怎么过一生 / 031

第二章 改变第二步:优化认知习惯 / 039

"90后""00后"的天下"70后""80后"怎么办? / 040
成为一个有格局的人 / 049
学习是一种生活方式 / 059
知识要分成"知"与"识" / 068
朋友圈的质量决定了你的认知天花板 / 079
既有开放的心态,也有取舍的能力 / 088
比勤奋更重要的,是深度学习能力 / 093

第三章 改变第三步：转换思维模式 / 099

不该"佛系"的时候别"佛系" / 100
从我不行到我行 / 108
放手不管的勇气 / 115
思维模式比行动更重要 / 123
人工智能时代，如何不被取代 / 130
比执行力更强大的，是闭环思维 / 141
敢质疑，才能有创新 / 151
不一样的创业者思维 / 159

第四章 改变第四步：高情商沟通 / 170

会说话，主要靠情商！ / 171
说话前，先懂得看场合 / 179
这样说话很有气场 / 187
最高级的说话，是让人感觉舒服 / 193
平等对话，不争无意义的输赢 / 199
像朋友一样和你的孩子交流 / 205

目录

第五章 改变第五步：敢于归零的勇气 / 212

焦虑年代，有几样事情一定会回归 / 213
每一次改变，都是一次归零 / 223
保持好奇，比热爱学习更重要 / 229
女人 35 岁以后值得拥有的 5 个礼物 / 236
内心的强大，是一种宁静 / 241

第六章 改变第六步：打造你的产品 / 247

顺风不浪，逆风不怂 / 248
打造属于你自己的产品 / 255
让好的更好，做独一无二的你 / 264
你要不要创业 / 272

第一章　改变第一步：做好时间管理

读书、写字、与人沟通，
都是让我们能够真正沉浸又变得沉静的事情。

如何对抗互联网下的精力分散

前段时间,有一篇朋友圈文章让我非常感慨,是关于97岁的约翰·B.古迪纳夫获得2019年诺贝尔化学奖背后的故事。其实他的成功并没有什么秘诀可言,就是专注。

他从五十多岁开始研究锂离子电池,在四十年里不断精进、不断探索,从理论到技术,再从技术到产品,最后到商业上的应用。这无疑是一个非常漫长的过程,但是他能坚持下来,长期专注于一件事。

一、专注让人忘记时间

现在经常有人问我,四十多岁了怕不怕?其实我对年龄的增长并无太强的体感,现在的我和大学刚毕业的我并没有太大区别,如果非要说有区别的话,那就是我现在讲话更慢了,做事情更加从容了。因为我有自己想做的事,而且我对这件事充满了热情,所以我不会觉得累,更不会觉得时间的流逝。因为热爱，渐渐淡忘了时间。

我想这就是专注的力量。

相信很多人都有过这样的经验，当你全心全意地投入到一件事上时，会发现时间过得很快。可是当你无事可做，盯着手表时，会发现原来每一秒都这样漫长。为什么会有这样的区别？其实时间并没有变长或变短，唯一变化的是人的注意力，当注意力集中起来时，时间会过得很快，它在专注面前突然遁形了。

二、勤于思考让人更专注

相信很多人有这样的经历，明明打开手机是想去联系一个人，或是想看一个文件，结果一打开手机，开屏弹出一家好吃的店在打折，于是点开看看，领个券；忽然想起正事，赶紧打开微信，可是好几百条未读信息，于是一个个点进去，聊几句；还没聊完呢，又弹出一个新闻，某明星离婚了！于是点开，竟然还有视频，于是点开视频……就这样彻底忘了两小时前打开手机的初衷。

没错，这是互联网时代带给我们的特点——精力分散、碎片化。五花八门的信息随处可见，庞大的信息量抢占我们的时间，明明计划做一件事，却因为刷朋友圈、刷视频并没有按时完成，自己却觉得一直在忙，一天下来，头大如斗。

这是为什么呢？或者怎样才能避免呢？

如果你有这些疑问，说明你可以摆脱被碎片化信息裹挟的困境，因为你在思考，而思考，是对抗精力分散的利器，思考能让你更专注。

思考什么呢？其实很简单，我是谁，我想为谁解决什么问题。比如我，一直以来都在思考能够让创业更简单的方法，并且能够帮助创业者获得成功。为什么有的项目会成功，有的项目却不能成功呢？纵然这背后有着很多不可控的软性因素，但是也许会有一套基础的实用工具来帮助大家更科学、更有效？

项目是变化的，这个方法也是变化的，与用户群体有着密切联系。当我想做这样一件事情时，那么我就会变得更加专注。这件事情值得我投入全部的热情和精力，当我没有取得什么成绩时，内心就会慌乱，慌乱又迫使我更加专注于自己的事。

如果没有大的事情让你思考，也没关系，那就想点小的，总之每天或者每个月都要做好一件事，决不能三心二意。你只要想着如何把这件小事做好就行了，在这件小事里，你一定要收获到完成的快乐。比如今天要和10个人交流，你就去和10个人交流。比如今天要看完一部电影，或者与家人一起散步等，都是值得高兴的事。

三、拥有明确的目标

想要从四面八方的信息流中杀出重围，就需要看见前面更有吸引力的东西，如果没有，那就设定一个清晰无比、不容忽视的目标。试想一下，你在熙熙攘攘的人群中举步维艰，忽然看见前面路口飘着一面硕大无比的火红旗子，它太明显了，想忽视它都难，你就径直向那里走去，果断向前，心无旁骛，这就是目标的作用。

当然了，设定了目标也并非都能实现，比如我想写一本书，如果每天晚上写两个小时，可能一个月就能写完了。可是一个月后我会发现，我并没有动手去做。因为写作的时间成了我的娱乐时间，我去追剧了，去玩游戏了，偏偏提不起写作的兴致来。是因为我不爱写作吗？并不是，这背后一定隐藏着什么。

如果你跳出这个情景来思考，会不难发现，为什么一部网剧可以追着看一个月，而写作却不能呢？因为电视剧带给我们持续下去的心流体验，所带来的是一种内在感受，让我想追下去。心流就是内心的一种感受，它是从内在慢慢流出来的。

无论你做任何事情，如果从这件事情中产生了心流体验，那么你会一直做下去。我记得我第一次读《天龙八部》时，三天就读完了，甚至想一天就读完。因为这件事产生心流，让我感受到了一种愉悦，所以我能保持着热情。

那如何让目标促进心流的产生呢？把目标拆分成多个小目标或者小行动，及时得到他人的反馈，有了结果和期待，也许是个不错的方法。比如写书，我的目标不仅是写出来，而是写好之后迫不及待地想给读者看，得到读者的反馈。这个过程就会产生心流，因为有了反馈之后，就知道自己该怎么继续下去，才能保持持久的专注力。

另外，产生心流的关键就是持续去做，当你坚持写，保持写的频率和速度，让写变成了习惯和快感，变成一种流动的状态，就充满了愉悦感。

四、把生活中的碎片时间管理起来

我一直喜欢收纳，因为我喜欢逻辑，喜欢从看似杂乱的事情中找到逻辑，并把它们管理起来。因此我做了这样的测试，把自己每天的碎片化时间管理起来。比如我每天早上送小孩上学之后，在上午 8 点到 10 点浏览朋友圈，晚上 9 点到 11 点浏览头条和自媒体。我把这两个时间管理起来，专门做些与工作无关的事，阅读，看视频，看剧，看新闻，等等。除了这个时间段之外，我白天的时间基本上都与工作有关。

一段时间之后，我发现感觉很好，我从碎片化时间中不仅得到放松，还获得学习。我知道现在的年轻人在讨论什么,我知道哪位明星最红,我知道今年的流行用语,我看到了很多广告创意和新兴业务,这让我在一天的工作中有了更多想法。

于是我特意交代助手,每周五的下午不要打扰我。我希望有一个时间能让自己去思考。不仅如此,每隔一段时间,我会把自己隔离起来,直接把手机关掉。在关掉之前,我会告诉身边的人,这几天不要给我打电话。然后,我还会把电视也关掉,让自己保持足够的安静。在安静状态下,人的思维会更加活跃。

"切除"手机一开始是很难的,于是,我下载了一款种树的 App,当你打开它之后,就不能切换页面干别的,要等待很长时间,这段时间将作为小树苗的养料,让你种的树慢慢长大,而一旦你关掉这个页面,你的小树会因为没有养料而慢慢枯萎死去。这是一种外在的辅助力量,让我放下手机。

连续种死了好几棵树后,我告诉自己"stop",必须自律。于是,我每个周五上午提前安排好工作,周五下午"种树"。结果我发现,半天不玩手机可以做很多事,我可以阅读,可以跑步,可以去公园散步,可以约朋友出去玩,还可以跟最亲近的人相处,有太多的事情可以做,我发现这半天过得特别充实,特别有意义。

五、养成反思的习惯

在大学的时候,我集中读了王小波的书,尤其是《沉默的大多数》和《一只特立独行的猪》,至今印象深刻,我完全被那只猪所感染,太酷了,即使做一头猪,也要做一头特立独行的会思考的猪。

如何才能特立独行、守正出奇?在投资圈里经常听到一句话"不求更好,但求不同",就是一定要有自己的思考和见解,不要跟随,不要从众,不要陷入竞争的环境,让自己跳出重围,成为一个真正的、有力量的思考者和行动者。

如何让自己有力量,一种比较有效的行为是反思,每天睡觉前拿出十分钟,思考一下,我今天收获了什么?需要改进的地方有哪些?明天我要继续做什么?我要停止做什么?我一般会在床头放一个小本子,都是全白的那种,没有格子,也没有横线,把反思到的内容写下来。你也可以试试,不管写多少内容,都能直观地反映出你当下的思考。

人之所以会感觉到精力分散,其实很大的原因在于觉得自己浪费了时间。时间碎片化本身没有对错可言,关键是能不能产生足够多的价值,不是碎片化时间将我们淹没,而是我们把这些碎片化时间管理并利用起来,这其实是很好的学习过程。

划重点:

对抗互联网下的精力分散最重要的五点:碎片化管理时间,养成反思的习惯,拥有明确的目标,勤于思考,学会专注。

我们每一天的时间是有限的,无法改变每天的时间总量,却可以改变时间的质量,不要担心碎片化时间将我们淹没,而是学习如何把碎片化时间管理好。

本章节工具

睡觉前在床边放一个小本子和一支笔，拿 5-10 分钟把脑子里的东西倒空，做一个每日睡前倒空日记，先做第一个 7 天的吧，看看能不能坚持 21 天。

格式可以是：

1. 我今天最大的收获是什么？
2. 我今天最欣赏的人是谁？为什么？
3. 今天我完成了哪些目标？还有哪些没有完成？
4. 明天我一定要完成的一件事是什么？

也可以是你所有想到的，全部记录下来，不要担心乱。

自律也能很有趣

我们说到自律，经常会给自己的作息时间，包括学习、工作制定一些规划，但总是坚持不下来，其实很重要的一个原因，就是这些方法太生硬、太孤单，我们没有让它变成一件有趣的事情，只是机械地去做这件事。虽说将枯燥的事情坚持下来会有成就感，但如果能让枯燥的事在做的过程中不那么枯燥，甚至是当成一场游戏，比如夺宝大赛，是不是会更容易完成呢？

一、设计一个令人兴奋的超级目标

首先要设置一个超级目标。比如我参加了一个创投圈好友们组织的话剧社，本来是一件非常业余的事情，我也从未想过往专业上发展，所以每周去排练话剧对我来说太难了，一旦有其他工作和家庭的事情，排练很自然地会排在后面。但因为我们设定了一个不可想象的目标：在年底 12 月 26 号对外公演一场话剧，有专业的编剧、导演、服装、舞美、制片人等，而且我们要先花钱把天桥小剧场的时间包下来。也就是说，我们不是玩票，我们是真的要公演一场专业的话剧，会对外售票，如果没卖出去我们就亏了。

这就是个超级目标，令人既害怕又期待，内心还有些小确幸：我真的要变成一个演员了！所以，当这个目标全体通过之后，我和一众像我一样本想"玩票"的人，就不得不重新设置话剧在时间表上的重要性，每周都要坚持去排练。

话剧的特别就在于团队的共同排练极其重要，每次排练，有一个人不在就没法顺利走场，人与人的之间的触动和相互的现场反应是话剧好看的关键，有一句话叫"真听真看真感受"，背台词或者沉浸在自己的世界里都无法进入话剧状态，而状态不对整场戏就非常难看。

所以，每个人必须来、按时来，这是对团队的基本责任，而这个责任就成为自律最大的动力。尤其是最后两个月非常辛苦，每位参与者在公司里都是关键角色，年底会有大量的目标要冲刺，白天上班，晚上 8 点直接赶到排练厅开始彩排，经常搞到凌晨，对于我这个刚直木讷、没有任何戏剧经验的人来说真是极度挑战。是这场戏的目标，和对团队负责的基本自律让自己坚持下来，坚持下来的结果很美好。

所以，在时间管理上，首先要设定一个非常清晰的、带挑战性的目标，在什么时间内要完成什么事儿，这件事情确实是你内心期待和渴望的目标，并且这个目标至少与三个人相关，或者你向三个人承诺自己一定要达成。

二、目标公示化是实现自驱的关键

工作上的目标一般就是一项具体的事情。说实话,有些事情没那么有趣,那么我们怎么让工作目标变得有趣或者感性一些呢?有时候靠自己的力量是不够的,需要外力。在工作中,我比较推崇 OKR(Objectives Key Result 目标及关键结果)的模式,相比于 KPI(Key Performance Index 关键绩效指标),为什么说 OKR 好呢? KPI 往往会带来员工和上级之间的目标博弈,最后就是各个层级跟老板的博弈。谈工作量多一点还是少一点,从人性上说,大家当然希望绩效指标定得越低越好,这样完成难度小,工资和奖金容易获取。而 OKR 实际上不是一个封闭式的考核,而是一个开放式的目标沟通工具,从设定目标时就要开放给所有人看。老板的目标要给所有人看,每一个员工的目标也要公开透明地给所有人看,所以它是一个通过透明化和公开化的过程,对自己设立目标的程度和完成目标的能力做了一个发布。

从 Google 传过来的 OKR,国内互联网公司为什么都在用?它不是考核工具,而是透明化管理的工具、沟通的工具,让所有人都知道我要完成什么目标?你要完成什么目标?我们之间的目标是不是在平行线上?谁定得太低了,因此影响相关利益人的达成?大家都定了目标以后进展怎么样了?谁完成了 50%?谁完成了 70%?谁完成了 100%?大家都看到了,完成了 50% 的人就会不好意思。所以,OKR 基于整体的团队目标给自己定关键目标和关键结果,在公示化的情况下,大家知道彼此都要在什么水平才能保证整体目标的达成。

为了体现出自己的能力和动力值,OKR 鼓励每个人建立有挑战性的目标,甚至超越他人或者团队要求的平均目标。人性在于被关注。我在大家的视线里，我是一个敢于建立挑战目标的人，我是一个努力完成的人，在圈子里不会因为我而被导致任务完不成，不拖后腿，体现自己的担当和领先性成果，这是人性，也是让目标变得对自己真正有意义的地方。

OKR 是在用人性管理，而不是博弈。当目标管理放在了鼓励人性的善上，透明、信任、公平、相互承诺、各自担当、追求卓越，这才会产生工作上的自律。当自律变成自我约束时，会有比较大的难度；但是自律变成自我驱动时，就会容易得多。要去完全的自我约束很难，你敢于把你要达成的目标和结果透明化、公开化，让所有人知晓并且相互监督，这是一种自发的承诺；在过程中能够及时发布进度，让所有的人看到我的结果，这是对自己能够完成的自信的表达，也是在给他人传递信心和压力，我正如期而来，你呢？这就是自律转向自驱的最好方式，进而实现团队的整体自驱和不断向上。

三、让成果有仪式感

怎么能够设定一个呈现的方式和结束的方式，让它有仪式感？

比如我演话剧，因为最后有话剧公演，我们都很重视，这是仪式化；我女儿练钢琴，经常练着练着就想放弃，我跟她讲，你能不能在你生日会上给小朋友们做一场钢琴演奏呢？这也是仪式化。每件事情，不管大大小小，其实都可以加上一个结束的仪式。就像很多好的团队，为什么他们团队的士气和氛围特别好？因为任何的小成果，不一定要等到最终的完美 100 分的时候我们才清楚，而是把大成果分解成了小目标，然后每完成一点点目标，大家就一起去吃个饭；再完成一个小目标，每人发一个小红包；然后再完成一个小目标的时候，我们一起去看场电影……这就会让大家觉得完成目标是一件很快乐的事情。而且它是一个进阶性的快乐，就像打游戏一样，每一个进展都是被记录的，每一个小成果都很有意义，很有成就感。

所以每个人都需要一点仪式，来记住大家的付出和进步，这是很重要的，也是让自律变得有趣的一大秘诀。

四、来点有趣的竞赛吧

在生活中，我们确实是需要利用一些工具，像刚刚我说的积分制，还有像手机上类似种树的 App，其实都是我们在利用工具来保持自律。我跟大家一样，最难自律的两点，一个就是手机控，还有一个就是晚上熬夜，报复性地熬夜，觉得白天属于自己的时间太少，想抓住一天的尾巴。

晚上我跟我女儿 PK，我说："如果你每天坚持弹钢琴，我就每天坚持 11 点前睡觉，我们一起做个列表，严格执行。"如果我自己做不到，我就没有办法要求她。我想让她弹钢琴，我就得先好好睡觉。我们一起做一周次数表，完成目标做标记，每周我们比谁标记的多。从此，她每周练琴的次数多了，我熬夜的次数少了。

其实这个表在我们每个人的日常生活中都能广泛应用，比如在公司里跟部门同事之间，大家搞个小赌约，或者搞个小比赛，为了某一个目标，每周做一个表格，在这上面写上我要做什么，把日期写上，然后把它贴出来让其他同事看。先从一周开始，如果你觉得一周太长，那就先从三天开始，如果小目标真的能做到，就去吃一顿或者做别的仪式化的事情。

五、画个积分的思维导图吧

我家里有两个宝贝，一个尧尧，一个舜舜。尧尧 12 岁了，她是个典型的文具控，有买不完的本、笔、笔袋、胶带，还喜欢收藏盲盒，所以总是跟我说"妈妈给我买这个买那个，带我去买个盲盒吧"。舜舜6岁，喜欢看电视，喜欢奥特曼的玩具和书，喜欢吃巧克力。于是我就和两个宝贝做了一张用于积分的思维导图：

有礼貌包括哪些分项，你可以加几分；有规律和坚持有哪些分项，你可以加几分；做好事有哪些分项可以加几分，其中不礼貌是负项，会减分。15分可以兑换30元的礼物，30分兑换50元，50分可以兑换100元。大家可以把积分攒起来得到更好的礼物。

这个思维导图做得并不好看，因为是我们三个人一起画出来的，要有意思，还要保证每个人都看得懂。同时，这个思维导图要贴在大家都看得见的地方，保证每个人都互相监督和积极遵守。有了这个思维导图，两个孩子的自我管理能力明显比之前好多了，做事情也有了自己的分寸和目标。

六、来一天不插电的日子

我一直想倡导一个无手机日，一个月就一天，这一天不玩手机，你看自己能不能活下来。甚至还可以不插电日，全年某一天，就跟植树节一样，这一天就只跟朋友认认真真地聊天，跟孩子认认真真地玩，认认真真地读书，完全不接触智能化屏幕和电子仪器，包括电视、手机、iPad、智能音箱、电脑等，回归生活，回归自然，回归情感和触摸，我们已经有多久没有享受这样的时光了。

划重点：

当自律变成自我约束时，会有比较大的难度；但是自律变成自我驱动时，就会容易得多。

让自律变得简单的六个方法：

1. 设计一个令人兴奋的超级目标

2. 目标公示化是实现自驱的关键

3. 让成果有仪式感

4. 组队来点有趣的竞赛

5. 画个积分的思维导图

6. 来一天不插电的日子

本章节提供的工具

把目标公示化：

1. 设置这个月一个清晰的、有挑战性的目标，你确定这是你内心真正期待和渴望完成的目标，有时间，有具体的量化结果说明；

2. 把这个目标写在纸上，告诉三个对你来说很重要的人；

3. 你和他们约定好时间，当目标完成时，你会对他们汇报你的成果和体会；

4. 最后恳请他们在纸上签上他们的名字，表示知道你的目标并成为你目标达成的见证者。

设立月度"无手机日"

一个月给自己设立一天无手机日，这一天不玩手机、不插电，把眼睛从屏幕里拿开，认真看看你身边的人们、你身边的世界，好好感受一下生活的美好。

健康的生活方式是精力的源泉

一、自律原则

大概因为我大学读的是最喜欢熬夜的中文系，所以养成了不好的作息习惯。总觉得夜深人静才是一天里最有效率的时间，每天往往要到11点之后才能进入深度学习和思考的状态。因为睡得晚，早上自然就很难早起，也经常错过了亲自送孩子上学的时间。

我总是希望能有所节制，把作息调整过来，清晨可以去晨跑，多去户外吸收新鲜空气。可是内心对于调整作息一直没有绝对的紧迫感，直到有一天，一位年轻的朋友跟我说："玲伟姐，在我们心目中您是高雅而美好的，非常美丽，也非常有智慧，可是走近您之后，发现您的皮肤状况不太好，眼睛还总是顶着黑眼圈，一看就是睡眠不足引起的。睡眠不足让您在跟人聊天的时候会太严肃，不好玩，容易令人紧张，只有您睡眠充足了，您自己放松了，才会让大家在您身边感到舒服。"

"不好玩""不舒服",这个判断让我一下愣住了,终其一生,我不就是想让自己拥有有趣的灵魂,一个令人感到舒服的状态吗?原来没有健康的生活方式会让我成为理想的反面。

所以我立刻树立自律原则,其中包含:睡眠时间、学习时间、兴趣爱好时间、锻炼时间,还有陪伴孩子的时间。

之所以叫"原则"而不是"计划",因为这个原则里列的都是我内心的深层次追求,与人生观和价值观匹配的、非常重要的内容,但又恰恰是我最容易忽视的部分。如果只是"计划",感觉我想实现它的动力还不够强,叫"原则"就代表了不能逾越的规则和信念,动力值足够。

这份自律原则包括:
每天看手机不超过 3 小时;
每晚 10 点之后不看手机;
每天至少看书半小时,写笔记 500 字以上;
给孩子讲故事 > 30 分钟;
每天锻炼 > 40 分钟;
作息规律化,11 点前入睡,7 点前起床。

当我做完这份自律原则,把它贴在了我卧室的墙上。女儿一看就开玩笑地说,妈妈,我打赌你做不到。我说估计不能立刻都做到,但是每天争取多做到一条,慢慢地就会逐渐实现的。贴在这里让家人监督,如果做不到,至少我心里会有一份羞愧感,这也是自律的意义,总是会提醒自己应该要往那个方向上努力。做自律原则是在 2020 年 2 月,我国正在暴发疫情,所有人都自觉地在家自我隔离,除了买菜和取快递,大家几乎大门不出,这样的时间从春节前开始,已经一个多月了,后面还有多长时间尚不可知。焦虑、孤独、无止境的等待……似乎很容易把大家的内心也封闭住，有一个自律原则突然又让我们回归到正常、健康的节奏中。当连续三天这样做下来，我的一对儿女也有了一个更简单的自律原则，这让我们的生活逐渐找到了疫情下的节奏和秩序，待在家里的日子既有爱又有效率。

通过自律原则，我又开始重新思考自律到底是什么呢？自律和快乐的人生追求、健康的生活状态到底有什么关系？

二、自律的方式

自律，就是自己在规定的时间让自己采取行动，很多时候，自律被视为自我约束，是类似于苦行僧做的事情。强调自律的人大多生活过度严谨，不够轻松，缺乏色彩和调剂。而我想说的是自律背后不仅仅有自我约束，其实更多的是自我激励，如何让自己变得更好、更健康、更绽放。每天让自己坚持锻炼是一种自律，始终保持微笑是一种自律，对他人保持善良不恶语相向也是自律。所以，自律同样很美好，自我激励的背后往往有一个对成果或者意义的追求和向往。

如果把自律和健康的生活方式结合起来，其实自律反映在方方面面。

（一）建立自律的行为

1. 适量运动，激活身体的好状态。

不管外面怎样，身体运转起来，就是最好的开始。在疫情下，无法去户外活动，我们可以选择在家里进行瑜伽锻炼，买个瑜伽垫，跟着 App 或者直播练上 40 分钟，全身拉伸开，最后来一个 5 分钟的静坐或者冥想，真是身心畅快。

或者还可以来一组锻炼，在这段时间我跟着女儿每天进行40个开合跳、2次1分钟平板支撑、2次30个卷腹、2次1分钟靠墙蹲、30个深蹲。就是这么简单的动作，坚持做完并不容易，7天一组，坚持完7天再来第二个7天。这样一来，身体似乎比疫情前还好，免疫力也自然有了保证。

2. 稳定睡眠，注入人生的如常感。

长期熬夜，白天就要靠喝咖啡维持状态，喝多了咖啡，晚上睡不着继续熬夜，这就进入了恶性循环。我有很长一段时间都是如此，晚上11点后很兴奋，在网上定了不少夜宵来吃，猪肘子、烧烤，对美食放肆，又缺乏足够的睡眠，身体状态自然不理想。自从有了自律原则，有了规定的锻炼，睡眠比过去正常的日子还要好。

睡觉是一门功课，当我们睡不着的时候，可以反复训练：

（1）固定起床和睡眠的时间，如果超过半个小时还无法入睡，不要继续躺在床上，可以起来去做点让自己放松的事情（比如看书、听音乐等），尽量不要看和工作有关的书或者资料，也不要去看手机，让自己务必脱离让脑子过度兴奋的状态。

（2）在睡前一个小时，可以适当进行一些释放压力的运动，比如瑜伽、静坐等。

（3）卧室内避免噪音，保持舒适的光线和温度，可以用耳塞和眼罩来帮助入睡。

（4）避免摄入过多的咖啡因饮料，睡前两个小时避免进食、喝大量水或运动。此外吸烟饮酒也会影响睡眠，应注意控制摄入量。

（5）睡前一小时可以喝杯牛奶，睡前半个小时可以泡个热水脚。

3. 高效工作，每天都进步一点。

工作是健康生活的一部分，正如稻盛和夫所说，是我们需要工作，而不是工作需要我们。工作就是生活，生活里不能没有工作，因为工作可以带给我们有序感、安全感、社会感和成就感。

工作中能够建立自律就会帮助我们快速地跳脱平庸，走向优秀，甚至卓越。

就像最简单的写周报这件事，每周固定时间提交是要求，按时提交了是不是"自律"？我说这是外部要求大于自我约束。有些同事的周报就是流水账，为了应付而提交，有的内容这周和上周几乎没有什么差别，改动几个字就提交了，这不仅体现不出自律，甚至可以看到惰怠的情绪和敷衍了事。但有一小部分同事，会认真填写一周的工作，有对一周目标达成情况的复盘，有对过程中优缺点的总结，有怎么去改进的心得和具体计划，甚至还有在工作中的反思和延展学习。通过一周的总结，再定出下一周的计划，明显看出他的目标、方法和承诺度，这事是他想做，而不是为了应付而做。这样的周报不是一周，而是每周都始终保持，这样的人，这样的工作态度，不成功都不可能。

而当一个人自律到忘记"自律"，你会发现：自律能够带给你发自内心的平静和享受。因为你知道，自己在一天天地改变，自律已经变成了一种深入骨髓的习惯。

正如李开复所说："千万不要放纵自己，给自己找借口。对自己严格一点，时间长了，自律便成为一种习惯、一种生活方式，你的人格和智慧也因此变得更加完美。"

解决人生问题的首要方案，乃是自律。缺少了这一环，你不可能解决任何麻烦和困难。

(二)语言需要自律

在与人沟通时,当你在企业中的位置越来越重要,你说的每一句话都会在他人心中产生很重的分量。有时候即使你自己没有任何想法,但是别人会在你的语言里演绎出各种假想的设定。

我是个对逻辑追求完美的人,对于不太熟悉的人反而会非常包容,但是对自己身边越熟悉的人就越挑剔,这个内容你有经过认真思考吗?你为什么只是用手做简单的事,而不更多地用脑思考?你有提前做准备吗,有去学习吗?我感觉是在为他着想,其实有可能他内心会产生很大的不适感。

有一次我的团队在做团队分享,一个女孩分享《非暴力沟通》,这本书我很早就看过,可是当时听完还是很受触动,暴力并不只是行动,语言同样是暴力,所以如何能够让自己更加温暖,成为对他人有益和有利的人,对自己语言的自律也是非常重要的。

语言除了口头,还有笔头。能够真实、真诚地表达,不违背良心和良知,同时也能在文字中传递正向的价值观,这也是一种健康的方式。

(三)思想也需自律

思考是一种常态,有一句话说"人类一思考,上帝就发笑",我想这个笑应该是善意的,我一直觉得人生的意义在于不断反思、不断思考来促进人生更加完善。曾子曰:吾日三省吾身。省是自省,自我反思、自我觉察和自我修行,健康的生活方式,不仅在于健康的行为、健康的语言,还有健康的思想,积极、正向、阳光,同时又能坚持独立思辨,无问东西。

这个章节在后面会专门讲到,如何建立改变的思维习惯。

划重点：

当一个人自律到忘记"自律"，你会发现：自律能够带给你发自内心的平静和享受。因为你知道，自己在一天天地改变，自律已经变成了一种深入骨髓的习惯。

自律背后不仅仅有自我约束，其实更多的是自我激励，如何让自己变得更好、更健康、更绽放。每天让自己坚持锻炼是一种自律，始终保持微笑是一种自律，对他人保持善良不恶语相向也是自律。所以，自律同样很美好，自我激励的背后往往有一个对成果或者意义的追求和向往。

本章节提供的工具

给你自己建立一个自律原则，可以写8-10条，包括：行为自律、语言自律、思想自律。

行为自律：比如每天早睡早起，11点前睡，7点前起床。

语言自律：不去评判和指责，尤其是不说"你不行"。

思想自律：每天给自己一段不受打扰的时间，进行学习、思考，或者写作，发展自己的独立思考和深度思考能力。

高质量独处，是一种能力

最近听到一个很有意思的说法：35岁以上的男人每天下班开车到家时，会在车里抽一支烟或打一会儿游戏再回家，而35岁以上的女人每次洗澡的时间越来越长。原因是在车里的那20分钟里，没完成的KPI、难搞的客户、巨额的房贷、孩子的上学、老人的生病等，都与男人无关了；而关起门来，在哗哗的水流中，那些由于身份叠加而带来的压力、烦恼也都与女人无关了。

这就是独处的力量，在一个只属于自己的时间里多待一会儿，好让自己能够有充分留白、安静的时间，让内心得到舒缓和修复。

一、独处，能让你灵光乍现

我一直喜欢独处，但最近独处上瘾源于一次跑步。这两年身边很多朋友都开始跑步，有几个老同学还建了群"勾引"我去跑步，有每天晒跑步打卡的，有不达目标被罚发红包的，看他们劲头十足的状态，我也确实跑了，早上有时间的话，就去户外跑，晚上有时间的话，就去健身房跑，但总是隔三岔五跑一次，一直没能形成习惯。

上周的一次跑步让我一下子找到感觉，因为我跑步时通过耳机听了一本书，叫《不管教的勇气》，作者倡导我们对孩子不要批评也不要表扬，不批评孩子的观点很多人都认可，但为什么也不能表扬呢？因为表扬和批评一样，意味着以上对下的姿态，就不是平等对话。我觉得有道理，同时不由得思考：对孩子不批评也不表扬，那第三种沟通方式是什么？平等对话的具体细节处理是怎样的？我和孩子们之间如何才能建立平等对话？不仅孩子，和员工也同样……就这样跑完5公里，我竟然完全没感觉，忘记了疲惫和时间，甚至想要继续跑下去。因为在这个过程中，我不仅听完了整本书，还形成了一套自己的理论系统，关于平等沟通的系统，但跑步的时间还有点短，还没有完全想完细节，我迫不及待地想要继续下去。

从那次开始，跑步成为我独处的最好方式，我几乎不会因为工作忙之类的原因而中断，而是发自内心地期盼下一次跑步。我特别理解日本作家村上春树写《当我谈跑步时，我谈些什么》时的心情，跑步不再是简单的跑步，而是与自己独处的方式。他在跑步中悟到，锻炼出强韧的身体、精神和意志；我在跑步中找到久违了的灵感乍现的感觉。

跑步让我想起大学时，那时很多中文系的学生经常会有灵感，寝室的老大就在枕头边放一个本子，晚上一旦梦到什么，醒来后她立刻拿起笔记本先记下来再下床。我有一度也是如此，和寝室老大不同的是，我总是经常在睡前读书，读完书闭着眼睛躺在床上就开始遐想，白天似乎都没有那个时刻思维清晰，突然有灵感，我就一跃而起赶紧记下来。现在想来，真是好久没有灵感了，而那天的跑步让我重新找到那种感觉。

跑步于我而言，已经不是为了跑而跑了，它为我提供了一个独处的时间、空间，让我重新寻找到自己的思维空间和灵光乍现。这种感觉太美妙了。

二、独处，能让你懂得思考

独处的重点在于"处"，自己和自己相处，和自己对话，在这个过程中，思考是自然的也是必然的。

林语堂是这样说孤独的：孤独两个字拆开看，有小孩，有水果，有走兽，有虫蝇，足以撑起一个盛夏傍晚的巷子口。这正是独处中的精神享受。试想，在那样一个不被打扰的时间和空间里，人可以完全按照自己的意志来决定怎样度过，可以足够自律、有计划、有节制地自我激励，也可以反思自己的行为、思考人性中的真假善恶。

如果一个人不懂得如何思考，那么他的内心就会越来越薄弱，经不起任何风浪，最好的思考环境是在独处中产生的。当人独处时，因为没有外界的干扰，思考的层次会越来越深，想到许多之前不曾想到的事情。

就像我在跑步中寻找灵感，其实灵感不是寻找的，灵感来源于生活中的灵机一动，它往往出现在我们专注、纯粹的时刻。当我深度思考一个问题时，注意力和意志力都会高度集中，外界的一切如浮云般散去，心性更加通透，灵感便突然而至。以前想不明白的事，通过独处中的思考，会慢慢找到答案。

胡思乱想也是思考，而独立思考、深度思考才能够让每个人成为更自在、更有品质的个体。

三、我们要如何独处

什么是独处？一个人宅在家里不是真正的独处，因为身边仍然充斥着各种各样的信息，仍与外界产生着联系。只有当人不再受到外界的干扰，才能感受到真正的独处。真正的独处是将自己置于一个完全放空的状态。其实生活中有很多这样的时刻，只是因为忙碌，我们没有发现。

所以我们要刻意地给自己建立独处的时间和空间，对于那些已经步入婚姻的人，可以找个周末，自己一个人去咖啡馆坐坐，或者下班后一个人去看场电影再回家；对于那些单身的年轻人，本来就有大把的时间是一个人，但是一个人不代表就是独处，要学会自己跟自己对话，自己跟自己相处。

独处的方式很多，适合每个人的方式各不相同，无非是选择能让你自己最放松最专注的方式，我最喜欢的独处方式有三个，看是否适合你。

（一）一个人锻炼，跑步或者走路都可以

跑步是让人上瘾的事，身体的劳累会让你切断和外界的联系，而头脑的活跃又让你忘记身体的劳累，你如同进入一个与世隔绝的时空，每次归来都带着更丰盈的大脑和更矫健的体魄。

行走的方式很多，或一个人出去走走，或一个人去旅行。

不喜欢跑步的人可以选择一个人步行，每天下班时早两站下车，一个人步行回家。戴上耳机，听听音乐或有声书，或干脆放空大脑，大步行走。我就特别喜欢一个人走路，我喜欢听电台，上次正好听到一首特别棒的

校园民谣，一下子仿佛回到了大学时候。我们那个年代都听老狼的校园民谣，我当时一下子感受到了那种青春的状态，甚至在脑子里酝酿了一首诗，现在已经忘了诗的内容，不过那种美好的感觉依然很清晰。

（二）一个人外出，旅行或者看个电影都可以

我喜欢一个人旅行，当你一个人出门的时候，你会认识不一样的人，因为没有人可以依赖，你一定会对旅行中遇到的人产生新的认识、新的交流。比如我到那个地方可能根本不懂当地的语言，那我就得学几句，我想要见识几个新地方，就必须去问、去查，在这个过程中就 get 到了新技能。年轻时我和我先生去西藏，结果一天里我把自己"丢"了好几次，有在哲蚌寺听僧人辩经听到入迷忘了时间，跟着僧人用古法制作经书忘了时间，还有对着大昭寺下拜等身长头的一家人摄影，跟着他们走着走着就走丢了……但是想起来还是很美好，把自己丢了还从来没有恐慌过，反而觉得这个世界很纯粹，每个人都很友好，丢了就丢了吧，不如开开心心地和僧人、当地藏民聊聊天，学几句藏语，跟着一起叩拜。

一个人看电影也是很美好的享受啊，去年有两天，感觉自己特别疲劳，就在午休时间跑去附近的电影院看电影，看的是《冈仁波切》《无问西东》。那个时间人特别少，整个电影院基本上就一两个人，两部片子恰好都不错，我一个人坐在电影院放声大哭，毫无掩饰地宣泄着自己的情感。如果我和家人一起看，或者和朋友在一起也许都无法有这样的感受，偶尔为之，非常美好！

（三）安静地阅读

静下心来阅读一本书，这是享受独处不可或缺的方式，而且不受时间地点的限制。现在有很多 5 分钟读完一本书、3 分钟看完一部电影的

文章，虽然确实能让我们快速了解内容，甚至能说出其中金句，但我依然建议，如果有时间，还是尽量自己独立去读完一本书。阅读的美不在于你听来的道理或者别人的感触，而在于你的坚持、你的思考，书中对你触发情感和启发的那个点只是对你的，对别人都与你不同。

完整地读完一本书，连续读完一些书，你的成就感会不断递增，你会更加自信，因为那是你读到的；你的厚度也会随之增强，你会形成结构性的思考，并形成自己的观点，你在读书，而不是书在读你。

如今太多帮你读书的软件了，你听了不少便以为是自己博学广记了，谈笑间也有不少知识，但是碎片化地接受信息，只能浮于表面，把别人的解读当成自己的谈资，"谈资"并不是你的能力，而且记忆时间很短，可能在听下一本书的解读时，这一本的内容已经忘了。所以还是读完一本书吧，沉醉在读书的过程里，沉醉在读完一本书的怡然自得里。

我越来越觉得，独处对于现代人不可或缺。善于独处不仅是一种生活方式，它还是一种个人的自我管理和升级的能力，让我们在繁忙中懂得宁静，内心更加坚定，对于自我、对于生活和工作，也都更有掌控力。

希望我们每天都能给自己一个独处的时间，甚至清空的片刻，那时，浩瀚宇宙只有你自己，万物喧嚣都与你无关，你不再需要别人的认可，你只要做你想做的。庄子说的"独与天地之往来"，便是这样的美。

划重点：

跑步于我而言，已经不是为了跑而跑了，它为我提供了一个独处的时间、空间，让我重新寻找到自己的思维空间和灵光乍现。

独处的重点在于"处",自己和自己相处,和自己对话,在这个过程中,思考是自然又必然的。

只有当人不再受到外界的干扰,才能感受到真正的独处。真正的独处是将自己置于一个完全放空的状态。

本章节的工具

来一个最简单的独处练习,你可以从以下选择一项你打算做的事:

1. 去跑一个你没有跑过的距离,1公里,2公里……5公里,都可以。

2. 在计划时间里读完一本你一直想读的书,不是电子版的那种,是纸质版,一周、10天,或者一个月,不要超过一个月。

3. 给自己安排一次一个人的旅行,去一个你想去的地方,无论近或者远。

你会找回久违的快乐,重新看见你自己。

你怎么过一天，就怎么过一生

一、我的一天是怎么度过的

每天清晨，我都会在家里和孩子们一起吃完早餐再去上班。利用通勤的一个小时，会去看一些信息，这是我收集信息做碎片化管理最重要的时间段。我的朋友圈质量很高，能通过它搜集到一些好的东西，看到后我就转发，有时不仅转发，还会写上一段感想。我的朋友圈有点像是日记本。经常有朋友感慨：你的朋友圈怎么更新这么频繁？可我完全没察觉，因为这些都是有感而发，只是我没学会怎么分组而已。

我很少有完全空白的时间。昨天公司放假，但早上我还是去了公司，因为这周我给自己定的时间表中安排阅读完《深度思考》。如果把它完成，今天，我就可以另找一本书来阅读。按照计划阅读完 100 页，做了一些读书笔记，我又约了三拨人谈话。有两个是接下来想挖进来的人，一个是面对面谈的，一个是电话谈的。第三个是业内资深人士，我们中午一起吃饭，然后喝了下午茶，聊聊接下来合作的可能性。完成这些事情以后，我去接了儿子，他下午有篮球课，3：30下课。把他送回家后，我又去参加了一个朋友圈的聚会，和朋友们一起聊聊天。晚上回到家，孩子们已经睡了，我整理了PPT，给洪哥（俞敏洪）发了一份我明年的转型计划。

这就是我的一天，我没有刻意设定时间表，但我发现，其实一天可以做很多事。

如何让时间变得很充实，我认为关键词就是：沉浸。真正沉浸于一件事情当中，其实是高效而愉快的，你会有一种时间停止的感觉，你沉浸在一件事情里深入梳理和思考，你已经想了很多，以为时间过了很久，可一看表，才过去20分钟，有一种遨游一番回来时光依旧的感觉。

这就是沉浸的妙处。

二、沉浸是关键

我特别喜欢做笔记，最近我被邀请到长江商学院给校友会做演讲，我是那天的三个导师之一，另外两位是湖畔大学的执行教务长陈龙教授和长江商学院的领导力研究中心主任张晓萌教授，我演讲的主题是《创业实战的方法论》。在陈龙老师讲课的一个小时里，我记了满满6页的笔记，他的主题是《寻找正在发生的未来》，从"紫霞仙子猜不到结局"到"希腊修昔底德陷阱看全球格局"，又说到平民主义的崛起，社会价值观正在发生本质的变迁，消费者信任体系发生改变；还引发大家的思考"如何去定义生命"，什么才是企业家，企业家传承什么，有多少企业有可传承的DNA？沉浸其中发现有很多有意思的内容启发思考，我一边记一边还会在旁边标上我就此延伸的思考。当我认真听的时候，发现自己从他那里收获了很多，当天来听课的长江同学我不知道是否有我收获得多。如果我不沉浸进去，不认真记录，可能就跟其他人一样了，只听到了自己想听的，要么昏昏欲睡，要么一部分时间是玩手机，那我大老远专程去做什么呢，不如在家睡觉了，所以既然去了，就要抓住当下，像学生一样汲取。

晓萌教授因为赶时间只讲了15分钟，我却记了3页纸。她的课程引发了我的其他思考，我也都记录下来，记录完，我还把笔记连同核心的3点感悟通过微信发给晓萌，感谢她给我的启发，本来两个相对陌生的人有了知识的互动和共识，这15分钟有了更多的意义。

尊重时间最好的方式就是思考。因为我坐在那里了，我就知道自己在那里的目的，那就专注地上课，专注地思考。当沉浸进去的时候，我发现其实可以获取很多。

所以，专注于当下一件事情里面，即使看一个下饭的综艺，也会有很多收获。

你怎么过一天就怎么过一生，关键词就是投入、专注。做这一件事情的时候，百分百投入就好。

"沉浸于当下"持续下来就特别有意思，它已经变成我的生活习惯。就像我看《谷歌方法》时，里面有一些东西我不太明白，我就想，像拉里·佩奇这样的人，他为什么能够取得这样的成功？为什么能够聚集一群如此优秀、为了改变世界的人才？于是我就怀着好奇去看了和谷歌相关的很多书，包括《重新定义公司》《永无止境》，又在网上搜索了不少谷歌创始人的内容，这个过程花的时间并不算多，从一个节点因为好奇而产生了关联的信息搜集。有几个点还不够确认，我又通过微信去询问我在谷歌总部工作的两位朋友，问询他们谷歌内部创业的成功率，谷歌产品迭代的具体做法，以及给员工的空间到底有多大，等等。这个过程中我已经成为一个"谷歌通"了，我可以很清晰地跟别人谈起关于这个企业的历史、创始人风格、发展中跨越的拐点和成功的关键是什么。

这个过程最重要的点是源于好奇，当你沉浸其中，你就会产生一连串的问题，内心的一系列"为什么"会带着你去探究，这样就有了跨越一本书甚至一件事的边界，产生了基于问题的系统认知。

2014 年我在美国洛杉矶生孩子，我所住宿的别墅主人是一个信奉基督教的华人，勤奋而友好，因此认识了当地不少华人朋友，也都是虔诚的基督徒。当沉浸在这样的环境中时，我有了一些好奇：美国人这么信基督、信仰上帝，为什么还能具备惊人的创新力？按理来说他们把自己交给上帝，上帝说什么就做什么，他们应该是规则的执行者和遵守者，但为什么他们能够持续创新和创造？犹太人更是对宗教有执着的信仰，每周安息日是绝对不能占用的，他们的创造力却那么强。

就为了这个事情，我在怀孕期间经常走路去 2 公里外的公园图书馆看书，不断寻找答案，也会和身边的律师、房地产经纪人、其他一起来生孩子的朋友交流。有位朋友告诉我，正是因为你把自己交给主，你需要不断地做工，不断地创造价值，主才会满意，所以这大概是很重要的原因，有时候人对自己的推动是不够的，需要有一种强大的外力，甚至承诺才能推动自己。为什么美国有很多企业家在获取巨大的财富之后都会捐献出来，也是因为这个原因，就像纪伯伦的《孩子》一样，你的孩子，其实不是你的孩子，他们在你身边，却并不属于你，你可以给予他们的是你的爱，却不是你的想法。

在这样的信仰体系里，你的孩子、你当下的自己、你的财富在你身边，但都不属于你，你所要做的是爱，而不是占有。这样的交流又会让我联想到一个人的自驱从哪里来，怎么进行自律和自我完善，怎么建立社会责任，更好地为社会、为人类服务……这样的跨区域跨文化的探索、沉浸、思考会自然填充进自己的思维体系，这真的是一件非常有趣的事情。

为改变而生，改变本身是快乐的，是有意思的，而不是被动地去改变。

三、让你沉浸的几种方式

对我来说，对于时间浑然不觉而能够最好的沉浸来自几个方面：一是看书，二是写字，三是跟人沟通。每天在这三件事情上，至少要有一件是有收获的。

每天翻翻书是我一定要做的，哪怕只是睡前翻 10 页也行。看书的过程，有的时候不是为了获取信息，而是为了让自己平静，真正地沉浸到一件事情里去，就能让浮躁的心慢慢地静下来。所以，我特别推荐读书这个习惯，我身边很多好朋友都是读书的深度坚持者和受益者，比如樊登读书的创始人樊登，因为爱读书而成就了一个独角兽公司；比如新东方集团的俞敏洪，因为爱读书经常会有《老俞闲话》的感触，保持了出书的速度，也不断提供年轻人新鲜的观点。保持读书，一方面让我们自己能够安静下来，另一方面让我们能够全然专注于一件成长的事情，这是抵抗焦虑、感受生命丰盛特别有效的方式。

对于读书，我还特别推荐读纸质的书，并不是说读电子书不好，但是电子书大多是依托一个读书平台，你可以随便选择多本书阅读，不容易聚焦；另外，电子世界相较于一人、一桌、一书、一笔，少了一点朴素纯粹的环境，拿着一本纸质的书会让我们有点时间离开电子世界，也许也是让生命回归自然的一种需求。

如果你能够写作，那就动动笔杆子。把你每天的收获和感受写下来，哪怕只言片语，也会让写作的日子和不写作的日子有所区别。我一直喜欢写点东西，从大学开始便一直在写，到毕业找工作的时候发现写文章真的有用，当我把大学时代发表的文章订了厚厚一本寄给应聘公司后，没想到当时人力资源部总经理看到这些文章，亲自招我去面试，结果就顺利通过了，可见写文章还是有好处的。

除了写作之外，还有写字。现在大多数人已经不太用笔了，尤其是毛笔和钢笔，也不再讲究字是否写得美观，是否"字如其人"。但是写字真的是让自己感受生活、感受文字之美的体验。写字不是敲字，敲键盘是数字化生活，写字是人文化生活。我觉得生活里有点人文色彩还是很美好的。我喜欢用笔在书上做记录，喜欢用本子来做笔记。我很喜欢搜集各种漂亮的本子和精致的笔，也喜欢送别人。前两天刚刚看完《原则》，我就买了许多书，每一本写上几句话，送给我的同事们。我也会写一些书签之类的小物件，2019年年底话剧社成员聚会，每个人都来自不同的公司，也都有一些自己公司的年终礼品，大家相互赠送。我的礼物是一个大白本和一张书签，书签上是我喜欢的一些祝福诗句，比如"人间有味是清欢""好风凭借力，送我上青云""把酒祝东风、且共从容"等，有点老套，字也写得不怎么样，但是写的过程其实就是让自己安静下来，享受人文的美好，也希望传递这种美好。

曾经看到一句禅语，说最好的修行，就是吃饭，睡觉。说起来简单，但是要真的做到吃饭就是吃饭，睡觉就是睡觉，是极其不容易的。我们经常吃饭的时候心不在吃饭，该睡觉的时候不睡觉，躺下了却翻来覆去睡不着。有一天我和孩子聊天，儿子说"妈妈我跟你件事情"，我说"嗯"，儿子又说了"妈妈我跟你说件事情"，我又"嗯"了一声，儿子说"你到底有没有在听我说话"，我放下手机回答"好的"。儿子开始眉飞色舞地跟我讲他在幼儿园的事情，我的眼睛并没有在他身上，思想还停留在刚才处理的一件事，突然儿子特别生气地说："妈妈，你根本没有在听我说话，我再也不跟你说了。"我突然像刚醒过来似的，我不是答应听孩子说话吗，我却没有听进去，我在想什么？如果以后孩子都不跟我说话了怎么办……

其实这是我们经常存在的状态，和他人沟通本来是最好的学习、思考和生活的方式，但是我们因为没有沉浸其中，而错过了我们对他人的感知，甚至伤害了相互的关系。反过来，如果重视每一次沟通的机会，无论对方是谁，都能够平等、真诚地沟通，听到他想说的，同时给予我的反馈，也希望他听进我想说的，同时能给予我反馈，这样的沟通将会让时间变得珍贵。

读书、写字、与人沟通，都是让我们能够真正沉浸又变得沉静的事情。

回到这篇文章的主题，怎么过一天，我没有刻意列出时间表，我相信一点：对每一件事情专注、沉浸。这就是最好的活在当下。

划重点：

当你沉浸其中，你就会产生一连串的问题，内心的一系列"为什么"会带着你想要探究，这样就跨越了一本书，甚至一件事的边界，产生了基于问题的系统认知。

最好的修行，就是吃饭、睡觉、读书、写字、与人沟通，都是让我们能够真正沉浸又变得沉静的事情。

本章节的工具

读书、写字、与人沟通,你最喜欢的沉浸方式是什么,这里建议你开始练习最简单的三件事:

1. 吃饭就是吃饭,吃饭的时间绝对不碰手机。

2. 睡觉前半小时绝对不看手机,清空脑中的所有杂思,或者通过记清空日记,或者通过冥想,为纯粹的睡觉做准备。

3. 和家人沟通的时候,看着他们的眼睛,认真听进他们说的每一个字。

你先从明天开始尝试这三件事,你以为最简单的事也许已经变成了最困难的事。认真吃饭、认真睡觉、认真说话。

第二章　**改变第二步：优化认知习惯**

格局代表着人在时间或空间上对世界的认知水平。

"90后""00后"的天下"70后""80后"怎么办?

一、在这个"90后""00后"的天下,"70后""80后"们还有什么竞争力

去年还有人跟我说,现在你的年龄正好啊,过了35岁、40岁上下,有学历、有能力、有经历,天下正是你们的啊。

今年就变了,又有人跟我说,现在公司招人凡是"90后"的人力资源大胆引入,不要怕犯错,而"70后""80后"哪怕进一个都必须老板亲自见,以免影响了企业创新的气氛。再看看前不久B站推出一个传播极广的视频《后浪》,一下把人群分为了前浪和后浪,"90后""00后"属于后浪,而"70后""80后"属于前浪。今天,随着经济环境的严峻,创投优质资源变得稀缺,能让各路明星天使眼冒火花、格外抬爱的也大多是"85后""90后",连清华等旗帜型高院也专门设立种子基金鼓励更年轻的"00后"同学去创业,只要有想法敢试,你没有经验没关系,

输了算我的。

这世界到底怎么了，好不容易闯荡多年可以大展身手的"70后""80后"突然之间就变成爸爸不爱，妈妈不疼，当年的亲爹娘现在只爱幼子了，你过去丰富的职业经历和管理成绩没给你加太多分，反而给你打上了"传统型人才"的烙印。这个世界真是无可名状、危机四伏！

看到朋友圈里转发的今日资本徐新的发言，她说到当前的变化：

（1）用户群变了，"90后"变成主力消费者；

（2）用户习惯变了，抓住"90后"的习惯；

（3）团队变了，关键是怎么让"90后"绽放；

还有一句要命的：你要搞移动互联事业部，不是"90后"就不用要，就要用"90后"。你说，现在移动互联是每个企业转型的核心要害，是明日之未来，只要"90后"，那么"70后""80后"怎么办？

所以，我就想说说，在这个"90后""00后"的天下，"80后"（包含"70后"等）们还有什么竞争力。

（一）积极正向的人生观和价值观

我想了想，虽然能够理解"90后"的个性化和绝对的张力，但是还是喜欢"70后""80后"在价值观和人生观上的坚持，就像路遥写的《平凡的世界》，平凡但是厚实、有味。"70后"处事做人有所为有所不为，坚持积极正向的态度、勤奋、坚韧、朴素、自省，他们也许不如"90后"那么新鲜、新潮、新锐，但是他们爱学习、讲品德、能包容，即使遇到挫折，首先会想是不是自己错了，从自己身上找原因。"90后"喜欢人生多姿多彩、有滋有味，但不是所有的方式都会去尝试，他们可以包容地看待各种可能,但内心还是坚持普世的人生观和价值观,认为有些事情不该碰的坚决不碰,自己的内心必须积极、向阳。

(二)追求一点人文精神和个人情怀

这一点比如小米的雷军("65后"一起归入"70后"了)、罗辑思维的罗胖、奇葩说的马东等等,无论他们做什么里面都有一点精神追求在里头,不管是极致、专业精神,还是人性化、内涵、口碑。除了追求商业成功,最好还能体现出文学、历史、哲学、天文地理等人文底蕴。"70后"做事可以全力投入,但背后坚持到底的还有个人内在的那点理想主义,不管是做成世界第一,还是"为发烧而生",还是"为你读诗",抑或做自己心目中最好的、让大家一直会喜欢的产品,成功只是表相的目的,成功背后深层目的还是那个理想的情怀。就像高晓松的一句话,我们那时候还有诗和远方,你们开口就是如何成功,"诗和远方"就是"70后"典型的情怀。

"70后""80后"喜欢事情的完整性、思想性,最好再兼容生活性和理想主义;喜欢师出有门,做事有道,有点主张、有点文化。"70后""80后"可能今天随着整个移动互联网浪潮心潮澎湃,但明天就可以坐在茶室安心读书,和朋友们侃侃而谈。所以相比"90后""00后","70后""80后"更有岁月的厚度,打持久战上,道比术大概比后浪来得更长远些。

(三)优秀的职业品质和操守

在"70后""80后"职业成长的阶段,CCTV《对话》节目有过一次谈话,不少知名企业家说我们不要职业经理人,我们要家族经理人,职业经理人缺乏主人翁意识,主要看短期绩效而不看长远发展,走完这家转眼又走下家，而家族经理人是要让人们把公司当作自己的家来经营，有主人翁意识，能吃苦耐劳不求回报。到了"90后""00后"爆发的阶段，个人主义大幅崛起，去中心化去管理去流程去KPI，让"职业"又变成了固守成规、照章办事、做事节奏慢的代名词。

尽管如此，我始终认为"职业化"和专业主义、长期主义是"70后""80后"身上的优势。在生活中你如何张扬，在工作上还是应该有职业精神，比如今天说的负责、极致、勤奋、客户导向等，都是职业精神的表现。

职业化，它让人做事先建立游戏规则，避免事后浪费不必要的损耗；

它让人懂得在什么条件下用什么语言说话、以什么方式做事，努力去匹配环境而非让环境匹配自己；

它让人知道首先是公司利益客户利益然后才是个人利益；

它让人知道商业雷区在哪里，哪些该碰哪些不该碰；

它可以用有效的方式去匹配各种规模的企业，将"团伙"带到团队。也许创业时期"90后""00后"代表了新鲜力量，再加上闯劲可以让公司快速爆发，但是到了一定规模如何稳健持续地发展，如何从1到10，甚至到100、到N，"70后""80后"代表的职业品质、能力、思维将帮助企业看得更高、走得更远。

（四）良好的团队精神

"70后""80后"参加工作时，大多数经历的是"70后""60后"的老板创业，那时候讲的是国家利益高于一切，只有把个人放在集体中才能发光发热，所以个人主义或者有个性的个体都是不对的，在集体中善于挑刺的、喜欢出头的、冒尖的都是大错特错的，所以"70后""80后"往往养成了内敛和深沉的性格，特别有团队精神，喜欢群体作战，训练有素，分工明确。在集体中，"70后""80后"懂得分享和补位，懂得服从和牺牲，为了大局的利益往往会牺牲个人利益。

今天"90后""00后"需要个体价值的最大化，需要自我的绽放，这一点毋庸置疑，但是谁来欣赏"90后""00后"的个体绽放，谁来帮助他们创造开放的团队氛围，谁能够为他们进行补位和提供风险管理，谁来为他们建立帮助企业长久发展必需的规则，是"70后""80后"！今天互联网时代要去中心化，但去中心不等于不要中心和领袖，相比"90后""00后"，"70后""80后"多年积累下来的大局观、团队精神，在任何企业都能帮助团队建立更好的凝聚力和执行力，这就是前浪的价值。

谈了一堆"前浪"的价值，是因为"后浪"的追赶和超越，这是"90后""00后"的天下，"70后""80后"怎么办？面对新的语言、思维和行为模式，"70后""80后"还是有威胁，有挑战，有危机意识的。

二、在后浪追赶前浪的发展中，"70后""80后"该如何面对

"70后""80后"面对"90后""00后"的后浪们，有很多地方确实非常挑战，在这一波互联网浪潮中"70后""80后"势必要去面对，并且从内而外地自我打破，甚至需要弯下腰来，虚心倾听"90后"，向"00后"学习，甚至把自己变成他们，才有可能让自己继续成为时代的"共"潮儿。如何变？先从改变思维模式开始，然后是行为模式、语言模式。

（一）变得"贪玩有趣点儿"

"70后""80后"喜欢思考"意义"，只要是有意义的事情，哪怕没意思也要做，因为意义自己觉得无趣也还能忍还能坚持。而"90后""00后"做事情不会想太多关于"意义"的问题，他们觉得有意思、好玩就有意义，反之就没意义。在"90后""00后"的眼里，有趣的素人远比有权势的名人排位更靠前，要让自己每天活得有趣有意思，让小伙伴们觉得有意思才行，一群有意思的人在一起才能做出有意思的事来，才会有更多的人愿意进来跟你一起玩。只有做的事一直有意思，才会有人一直跟你玩下去。所以有意思自然有意义，有意义不一定有意思。从这一点来说，"90后""00后"的生命更加健康、明朗，从内而外地自在和简单，不像"70后""80后"有时候拘着自己、容易拧巴。

所以"70后""80后"首先要学着让自己放轻松点，别总是端着一副要教育人管理人的样子，能放得下身段，跟"90后""00后"一起玩，还能玩得不亦乐乎。对于"90后""00后"玩得很火的东西，也许你不理解，但是建议你也逐个找来玩玩，带着足够的好奇心去看看他们为什么喜欢这个，他们怎么就能想出这么个好玩的东西。把自己真的变成他们，多点意思和有趣，时不时撒撒野，让自己的生命也无所谓地绽放一下，去看看因为Happy、Fun带来的Meaning。

（二）开始放下"节操"，可盐可甜

我相信"70后""80后"在谈话中还是很有尺度的，哪怕是和自己亲密的同学一起聚会，一些个人隐私、男女关系、情趣问题还是不用当众来说的。但是到了"90后""00后"，一切全部Open，他们可以很淡定、很开放地谈论一切，你可以咋舌但必须接受。因为在互联网时代，你要学会啥叫"自嘲自黑""无节操"，完全把自己的各种面具、伪装、大叔大妈、职业经理人的形象摔地上，他们才觉得我们都是平等的。

通过和"90后""00后"在一起，我大约总结了放下"节操"三阶段。第一阶段，萌萌的，就是放下大叔大妈的年龄界限，像三只松鼠的鼠小妹，眨着大眼睛，系着小围裙，两手在前面交叉，然后特别萌地说"主人主人"，能撒娇、能卖萌、可甜可盐。第二阶段，亲、么么哒，就是打破男女性别界限，任谁都可以很轻松地叫出亲爱的，然后可以没有年龄、没有性别、没有等级地交流和畅谈。基本都是人来熟，喜欢就直接喊"亲"，开始什么都说，不喜欢就干脆懒得沟通，在交往上非常简单。第三阶段，自嘲自黑型，比如最近腾讯和老干妈的官司，腾讯这么大一个公司居然被一个冒牌老干妈骗了几千万，投入了广告费还被人看了笑话。而在这次危机公关中，腾讯选择用"90后"的操盘方式，"逗鹅冤""我就是憨憨"，一下让自己从一个要被墙倒众人推的强势大鳄变成了值得同情的弱者。所以，这里的自嘲自黑，无节操，我更愿意当作"70后""80后"放下高大上的面具和成熟职业人包袱，真正和今天的年轻人建立平等、公开、无距离的沟通关系。

（三）学会"想那么多干吗，先做了再说"

相比"90后""00后"，"70后""80后"是绝对的"思想巨人"，凡事总是喜欢先想清楚再做动手，尽量把风险降低在想的阶段，所谓三思而后行，谋定而后动。但在移动互联网的时代，敏捷研发、快速迭代、先动后改已经成为成功的关键，"70后""80后"怕犯错，而"90后""00后"却觉得犯错有什么关系，大不了中间再调整，或者从头再来过，从本质来说，还是没有任何包袱，带着玩的心态做事，在机会面前抢跑，抢跑中眼观八方调整步伐的反而容易成功。

所以相比之下，"90后""00后"比"70后""80后"更"活在当下"，"90后""00后"没有历史经验的包袱，也不会担心未来会怎样，看准眼前有个机会，拉上小伙伴做了再说，做成了继续做得更好玩，做不成就换一个做，更加的行动派，和不怕输。所以这点是往往有经验主义包袱的"70后""80后"需要学习的。"70后""80后"要学会在"90后""00后"面前不说过去，不说自己的成功经历，关键是甩开胳膊融入当下。

（四）首先打破流程规矩方法论

小米是"70后"甚至"60后"干的，但是他们成为打破流程、规矩，NO KPI的标杆，建立用户驱动和员工自驱动，一切目标来自对未来的预期。"90后""00后"也越来越如此，自由、创新、不受约束、改变世界，这些都是他们所期望的关键词，什么老板的界限企业的边界，我们心里只有小伙伴，大家就是在一起玩，一起去做一个有意思的事情，一起去做改变世界，甚至制度、流程。如果要让我们为制度、流程做事，不如不做，所有损害大家喜欢、热爱、积极性和沟通效率的管理都是无效的，不如不要。所以"90后""00后"更在意自驱力，而非来自外界的规矩、流程、制度、规范。

而"70后""80后"大多是受过流程规范的约束，相信无规矩不成方圆，有规则坚决按规则办，没有规则建立规则，人只有在规则框定的情况下才能有序和高效。

规则在任何时候都有重要价值，不同之处在于规则为人服务而非人为规则服务。所以这是熵增效应与管理规则之间的一个平衡。"70后""80后"需要学会欣赏无序的创新，看似无效率的头脑风暴，看似很可能错的第一步，然后在其中寻找成功的调频，需要寻找到规则和失控之间最合适的度。

"70后""80后",与其承认自己是前浪,不如融入后浪,继续乘风破浪,走出自己的舒适圈,别让"90后""00后"喊我们叔叔、阿姨,而是Hi,哥们儿,有意思啊,咱们一起吧!

划重点:

在互联网浪潮的冲击下,"90后"来势汹汹,"70后""80后"要做的,是学会让自己贪玩一点儿,学会大胆尝试,建立平等、公开、无距离沟通。

本章节的工具卡:

作为"70后""80后"的"前浪",可以经常做做向"后浪"看齐的练习。

1. 每天发现一件"有趣"的事情,要知道有多少财富阅历,都不如一个"有趣的灵魂"能吸引人。

2. 当别人批评你时,不妨试试自黑、自嘲一番,"您说得对,我不仅,而且……",自黑到让人叹为观止,无处可再黑。

3. 与其想清楚,不如干起来,对一件你看起来只想明白5分的事情,先迈出第一步,让改变发生,然后在干中去增加另一半认知。

成为一个有格局的人

一、一个有格局的人，都有哪些体现

人们常说做人要有格局，那么格局究竟是什么？

拆解格局二字，"格"指的是对世界、对人、对事物的认知程度，是否足够精深、有洞察力；"局"指的是在时间上和空间上的认知范围，代表着所做的事情以及产生的结果、影响力大小。每个人对事情的认知范围和认知程度不同，所以格局有大有小。通常来说，格局代表着人在时间或空间上对世界的认知水平。

在我看来，一个人有没有格局，主要体现在三个层面。

（一）能否客观地评价自己，跳出自己看自己

客观地看待自己，就是能及时地从自我的情绪中跳出来，如同一个旁观者一样看自己、审视自己，我为什么生气，生气这件事情会带来怎样的影响。曾子曰：吾日三省吾身。企业讲"跳出画外看画"其实都是

这个道理。

　　不受控制、无法自我觉察的情绪是前进的阻力，有时甚至会将我们带向深渊。

　　前段时间，我就被情绪左右做了让自己后悔的事。我家有两个孩子，老大是女儿，老二是儿子。随着孩子越来越大，我发现在姐姐和弟弟之前找平衡越来越难。女儿开始进入叛逆期，总是喜欢说反话，越喜欢什么嘴里偏说讨厌，特别在意自己在家中的地位。儿子小女儿6岁，从小性格就很温暖、阳光，平时经常是弟弟让着姐姐，每次姐姐看到我给弟弟买礼物，她就不高兴，会闹很大的情绪，然后弟弟就会让姐姐先挑。

　　那一天又是如此，我在路边看到一个很适合男孩玩的玩具，就给弟弟买了一个，姐姐看到后就很不高兴，问我的呢，一听这次没有，就说了一些难听的话，说我偏向弟弟，对她不公。当时也不知道怎么回事，我噌的一下就火了，动手打了她一巴掌。她也吓到了，转身就跑进自己房间，拿着外套便跑了出去，我急忙让奶奶跟去。

　　打完之后，我特别后悔，并且会想到女儿在情绪之下可能产生什么后果，我像倒带一样回顾刚才女儿因为什么激怒了我，是哪句话？那句话背后代表了她的什么想法和情绪，自己似乎没有去认真看待她的情绪，却陷入了自己的情绪中。

　　我为什么会在当时做出那样的举动？我的情绪背后有什么心理历程？我不希望她那样说，那我希望她怎样说？她为什么会那样说？

　　当天晚上，当我和女儿都慢慢冷静下来，我到女儿房间，特别认真地向女儿道歉，跟女儿说妈妈不应该打你，你跑出去的时候妈妈担心坏了，也非常后悔，希望你原谅妈妈，你在妈妈心里真的非常重要。我告诉她为什么会打她，在当时的情景下是什么语言触动了我，让我产生了冲动的行为。在她真的收到我的反思和道歉之后,她也开始敞开心扉:"妈妈,你知道吗,我特别不喜欢你说……,感觉特别不公平……"我们像朋友一样非常平等地聊了很久,最后我们甚至约法三章,以后在遇到这样的问题,我们该怎么处理,哪些话,我们坚决不能说。

通过这件事,我会意识到如果将生活中一些问题客观化,跳出主观,会更容易找到正确的解决方法。跳出当时的情景,无论生多大的气,产生了多大的情绪,事后能将自己放在客观的位置上,然后再来看当时的行为,看看你和对方的状态,分别希望得到什么,什么才是解决问题的根本,这时候你就能看得更加深远,产生更大的格局观。

跳出自己看自己是最基本的格局,它能让人变得更强大,让生活变得更美好。就好像是站在自己头顶看自己,所谓"当局者迷,旁观者清",当人从当下的环境中抽离出来,站在屋顶或更高的位置看问题时,会突然发现原来真的可以掌控自己,那种来自内心的从容和接纳会帮助我们成为更好的自己。

(二)能够跳出当下向未来看,看得更长远一些

不同眼界的人,看待问题的程度是不同的。看得远的人,做的事情更容易长久,做的决定也更不容易更改。

我大学读的是中文专业,大学时代实习都是做记者,当时我想做中国最好的记者。可是大学毕业后,我并没有选择进报社,而是选择了当时中国最好的企业之一——联想。选择的背后,其实有着更深层的原因。

在大学里,我从一个普通的学生到记者团团长,再到校报编辑部主编,最后进入到《中国青年报》和《深圳特区报》实习,心里都只有一个很纯粹的想法,进中国最好的报纸,成为中国最好的记者,敢于坚持真相、说真话。

对于怎么成为一个记者，什么能写，什么不能写，从一开始写会议稿，再到如何去表达自己的观点，最后到深度的专题，在实习过程中我都试图像一个真正的记者一样去采访、记录和报道。

大四毕业之前，我有幸成为学校的学生代表，去香港见证回归一周年。在那里有幸见到了香港众多太平绅士和实业家，经过与他们的相处和交谈，了解到他们如何从一名小店员、一个搬运工、一位裁缝开始，到拥有如今的地位。他们是如何一步步走过来，成为当时推动香港经济的实业企业家，如何帮助香港成为亚洲的四小龙。他们的经历带给我很大的触动，我深切感受到，很多爱国的人往往是通过实业来报国，通过自己的行动来为区域经济添砖加瓦。

我开始反思，对于这个国家、对于实现个人价值什么是最有意义的事情，什么是真的能够推动社会向前发展的事情？我的思考方向一下子发生了转变，我想进入国内最好的企业，想知道如何从基层一步步做起，如何认真地服务好客户，如何提供一个好的服务和好的产品，通过自己的努力来呈现自己的价值。做出这个选择需要巨大的勇气，之前一直没有参加各种招聘会，一心等着报社的通知，以过去的经历和写过的文章，我完全可以去做我擅长的、积累很久的事情，可是就在即将毕业的几个月里，我调换了人生轨迹。

其实今天看当初的选择，没有绝对的对与错。每个人在思考人生方向时，应该至少有一次深度审视的机会，什么是当下你认为的有效价值？怎么样做更有价值？只有看得更加开阔、更加长远，才能做出让你更确定的选择。

我也需要感谢那样的一次机会，让自己跳出专业去看待社会、国家、经济以及个人价值这样的大课题。

（三）能够不断向外看，向身边每一个人学习

我记得刚毕业的时候，座位对面是一位公关部的大哥，他和我同一天到公司，至今我们都是好朋友，当时他从中国人民大学硕士毕业，他们部门的助理总经理和他年龄一般大，我们当时都年轻，每天下班也不愿意早走，都会在公司里一起吃饭一起加班。我记得有一次聊天，他跟我说他会经常观察那位助总怎么说话、怎么做事，有些事情还会做些记录，他认为一个人能够那么快做到这样的位置一定有过人的地方，既然是自己上司，不仅要看他怎么做事，还要认真学习他怎么做人，为什么他那么年轻就可以做到那个位置。

这位大哥的这番话对我产生了很大的影响，很多年以后一直还记得，在职场上任何人都是你的学习对象，而不是你的竞争对手，你的领导也不是只给你派工作的人，去寻找他为什么当你领导的原因，后面都有他的道理。

因为这样的思考，让我在职场生涯中可以看淡很多人事的纷争，真的好奇于每个人的优势和特点。

过去我们学习往往是工作、家庭，而今天大量的信息来自朋友圈，一个人的朋友圈质量直接影响了你的信息摄取和认知的质量，朋友圈质量越高，可学习的人越多，你的进步也就越大。对此我深有体会。我在大学时是大学记者团的团长，总是有机会比其他同学接触到更多优秀的人，比如校长、成就卓著的校友等，和他们单独对话不能露怯，所以提前要做好大量的准备，要让自己在有限的时间里通过提问获得最有价值的信息。进入《中国青年报》实习时，也有幸接触了当时中国最优秀的一批记者，包括后来YY的创始人李学凌、视觉中国创始人柴继军、腾讯网主编李方等。我当时进入的是《中国青年报》的一个新栏目叫"星

期五周刊",每周老师们都会聚在一起讨论这个栏目的选题,大家奇思妙想很多,知识面涉及特别广,头脑风暴也很热烈,在那样的环境里,感觉自己每天都充满热血,每天都在不断汲取各种养分。

后来在大学期间,我去了香港,这种感觉更加强烈了。我接触到许多优秀的实业家,他们向我传递了经济观、企业观和爱国观,对我的人生产生了巨大的影响,也间接改变了我的人生轨迹,从一个黑白分明、疾恶如仇的媒体人变成了一个开始思考商业、用户、产品的企业人。

优秀的人身上总有很多闪光点,迫使你不断地进步,以期拥有与他们对等交流和共事的能力。当你了解过很多人之后,就会很客观地思考一个人为何会获得成功。

但是,也有不少人眼里是容不得比自己优秀的人的,对于他人的成功抱着强烈的抵触心理,比如我们说的"仇富",当人有了胜负心之后,人的视野就会变小,无法客观地进行思考和学习。

赢不是绝对的,只有进步才是真正属于自己的。

而成功这件事也不是一时的,人生犹如马拉松,当把人生的轨迹拉长,持续学习和进步才能让我们丰盈和自信,获得真正内在的满足。

当一个人用好奇和探索的心态去看待身边的人、事,思考身边的人为何如此优秀,你的内心是打开的,你会产生强烈的学习愿望,那么你的格局也会慢慢得到提升。

二、结交有格局的朋友

事实上,那些取得骄人成就的人,都是拥有大格局、大胸怀的人。我的朋友圈里有三个我非常喜欢的朋友,我想聊聊他们给我的一些比较具体的启发。

（一）樊登

提到樊登，相信很多人都知道他。他是"樊登读书"的创始人，创业5年，"樊登读书"的会员超过2800万，授权销售点超过3000家，樊登书店超过300家。能将一个公司做大，绝不仅仅是因为他书读得好，在认识他之后，我觉得他的管理智慧比他的读书更值得学习。他能把管理交给更有能力的人去做，自己只专注做好产品。在这个过程中，到底哪些舍，哪些抓，他是真的能够想到做到，还能保持克制。

我记得第一次约他见面，以为他应该和我一样，作为创业公司的创始人每天忙得要死，要约到他至少两周以后，结果他跟我说第二天就有空，可以见一面，地点就约在他家楼下的书店里。当我到书店时，就看到他一个人安静地坐在那里看书，他跟我讲这里就是他的办公室。

更让我惊讶的是，他在北京没有助理，仅有一个司机，他的公司在上海，但是那里也没有他的办公室。现在不少创业者觉得创业必须找很多人，要有一个很大的办公室，有很多助理才行。可是他们并不明白，小就是大。大的格局往往来自人的内心，而不是外在的形式。当时我就觉得他的胸襟和做人的格局太大了，作为前央视主持人，却完全没有那种所谓成功人士的偶像光环和对形式主义的追求。

大部分人很难做到完全的授权和信任，好多事情总是觉得自己过目之后才会放心，但是樊登能放下，完全相信身边的人，把事情交给专业的人去做，只要做好自己分内的事即可，这样的取舍成就了团队的自驱、自我迭代，才取得了"樊登读书"今天的成绩。

（二）张师兄

第二个朋友是国内知名的话剧公司创始人,目前转型做影视制作公司也做得非常好,因为为人极其低调,所以我就不在这里提他的名字了,他是我同一所大学的师兄,所以暂且就叫他张师兄吧。

有一次和他聊对 IP 的理解,在很多人眼中,IP 就是打造一个流量明星,但张师兄不这样认为,他觉得 IP 应该具备三个特征,即时间性、跨界性和价值性。所谓时间性,指的是 IP 一定要经过长时间(至少 10 年以上)的积累和沉淀,观众仍然喜欢;所谓跨界性,指 IP 不能单一化,一定要跨至少 2 到 3 个以上形态,不仅仅是做话剧,IP 也可衍生做图书、玩具、电影等内容;所谓价值性,指一个成功的 IP 至少能创造 10 亿美元的价值,比如迪士尼的狮子王和白雪公主。

我问他们的厂牌能够叫 IP 吗,因为已经延续了 10 年,也有超过千万级的粉丝冲着他们的厂牌来的,每年推出一部剧总是一票难求。但张师兄认为他的厂牌还不能称之为 IP,因为它还不具备 IP 的三个特征,10 年还太年轻,目前刚刚开始跨界。当时聊完,我觉得这人真是谦逊和清醒,对自己、对企业的成绩表现得非常淡定,这样的谦逊和平静就是一种格局……

和很多文化圈中的朋友相比,张师兄无疑是成功的,但是他依然保持着谦逊的姿态,放下身段向国外制造大 IP 的公司学习,也非常平和地和身边每一个人做交流,清醒地看待自己的差距、定位自己努力的方向。

创始人的清醒和谦逊就是企业的格局。

(三)胡郁

最后聊聊朋友圈里的一个技术高人胡郁。胡郁是我很喜欢的一个科技企业家,上市公司科大讯飞的执行总裁,也是科大讯飞研究院院长。虽然挂了这么一堆职务,但是和他沟通是非常舒服的,他完全没有科学家的架子，与任何人聊天都很平等，在对待朋友上总是很设身处地为他人着想。有一次讯飞开 1024 程序员开放大会，邀请了我去做嘉宾，因为我们企业之间后期会有一些深度合作，胡郁专门安排讯飞会后的采访让我和他一起面对所有的媒体，和讯飞相比，AA 加速的概念对大家而言非常陌生，而且那天会议讯飞发布的新产品才是主角。结果，胡郁却一个劲地跟大家介绍我是谁，建议媒体人多采访我，听听我的想法。其实，整个媒体见面会，是胡郁在帮助 AA 推广，而结束的时候他却非常有礼貌地感谢我。这样的情商和待人处世，真是令人非常之佩服。

AA 加速营每次项目并不多，大约只有 15—20 个，但是每次我邀请胡郁的时候，他都尽量安排出时间过来分享，并且说只要自己有时间他就一定来支持，因为他非常喜欢和早期科技类的项目在一起，听听他们的声音，和他们交流。

我们在谈论人工智能时，不单纯谈论技术本身，而是谈论技术的应用场景，如何产生价值，谈人类的未来，技术会带来什么样的改变，科技和人文之间的关系。我很喜欢一句话：因为相信，所以看见，就是胡郁作为 AA 加速器的导师，在一次加速营里分享的。正是因为相信未来，相信自己可以创造价值，所以我们才会坚持如一。

我每次看到胡郁时，都感觉如沐春风。他身上的谦和与朴实总是能释放出强大的力量来，不管对朋友，还是对其他人，他始终保持一致。正是因为他的内心拥有大格局，所以他才能保持这种品性，让和他相处的人都会被他吸引。

所以，格局其实就在生活中的每一个点点滴滴之中，在每一次思考、每一个行动中。

那些格局非凡的人，总是带着一种返璞归真的朴素与平等，将复杂

的事情简单化,通过自己的行为去影响身边的人。把每个人都放在重要的位置上,跳出自己看自己,看他人,看世界,看未来,就是一种大格局。

划重点:

<u>成为一个有格局的人,拥有"能容天下者,方能为天下人之所容"的气魄,追求更高的目标,提升眼界的广度,思维的深度,拉长我们的人生轨迹。</u>

本章节的工具卡:

尝试两个提升个人格局的小办法,

1. 跳出自己审视自己,每周对自己开展一次自我表扬和自我批评。

2. 每个月找到1-3个你觉得比你优秀很多的朋友,面对面进行交流,记下和他们交流的收获和启发。

学习是一种生活方式

一、终身学习对成长的重要性

纪录片 Becoming Warren Buffett（《成为沃伦·巴菲特》）里面讲述了巴菲特真实的生活，这部纪录片里，巴菲特褪去了自己身上众多的光环，展露了自己最真实的一面。影片里的大部分镜头，记录了他和他的家人及每天日常的生活。比如说巴菲特每天早上上班时，会开车路过麦当劳买一份早餐，带到办公室后享用。他的桌子上也一定摆放着一杯他钟爱一生的可口可乐。

看着纪录片你会发现，即使是如巴菲特这样遥不可及的投资大师和世界富豪，生活中不过也是一个平凡的老人，非常平易近人，甚至还会有很多和我们一样的小毛病。同时这部纪录片也向我们展示了一个事实——一个人一生如果想要获得过人的成就，注定和终身学习形影不离。

他每天会按时起床，花大量的时间阅读各种新闻、财报和书籍。巴菲特每天绝大多数的时光，都是独自一人在自己的书房或者办公室静静度过的。他的办公室没有电脑,没有智能手机,只有身后书架上的书籍,和一桌子摊开的新闻报纸。而他每天就坐在那里阅读和学习。时光静静流逝,他从年轻人变成了一个白发苍苍的老人。84岁高龄的巴菲特,60年如一日地阅读和学习。

正是因为巴菲特这种终身学习的观念,让他拥有了现如今高达1,826,163%的资产增值。

我记得我在联想的时候,那时候的领导、后来的联想控股董事长朱立南曾经说过一句话:学习是一种生活方式。这句话对我也非常受用,越成长越觉得不断学习,才是让人不断前进最大的动力。

二、学习"学习的方法"

做笔记

在中学时代我并不属于好学生,成绩一直都是中等偏上,一直到高二分科之后,成绩才突飞猛进,最后以当地状元的成绩考进南开大学。现在回想起来,课堂上听课的效率如何不太清楚,但是我的笔记却一直做得又漂亮又工整,乃至于中学毕业的时候,好多母亲的同事来家里向我要作业本和课堂笔记本,所以认真做笔记的习惯是一直都有的。

记日记

另外,我的作文一直不错,这跟我从小喜欢写日记有关,日记里还喜欢自己给自己打鸡血,摘抄一些名人名言放在每篇日记的最前面。似乎觉得不写日记,那样青葱而美好的岁月就白白流逝了一样。写日记这件事感觉比记笔记是更进一步的学习,多了自己和自己的对话,以及对于课堂、对于生活、对于未来的思考和向往。

前一段看到明星易烊千玺在高考前3年基本没怎么上高中，苦读3个月，结果考了中戏双料(文化课和艺术课)冠军，这一点我是非常相信的，当你在某一段时间专注于一件事情，并且积极思考后面的逻辑和方法，那你1个月可能替代1年的死记硬背和填鸭式的学习。我在高二之前一直理科不好，所以读了文科。到了高二分科后，觉得不能让数学拖后腿，干脆请了一个家庭老师，每周来辅导一次，老师是我姐姐的同学，只比我大上4岁，讲课非常有趣，也没有老师的威严，还非常擅长讲题目背后的方法。所以，在辅导的那段时间，研究数学答题背后的方法成了我最开心的事。最后高考，这些方法和逻辑成了自己思考问题的底层操作系统，在高考中发挥了极大的作用。当你去思考题目背后的原因和逻辑，掌握了解决同类型题目的方法，你对题目的掌控力和稳定性就会大大加强，对于学习的热爱也就提升了。

在我们的学生时代，之所以不爱学习其实不是因为学习本身，而是因为学习方法太过枯燥（死记硬背标准答案，也不去了解为什么），而学习结果还往往无法自我掌控（背、抄无数遍，仍然做不到举一反三）。如果能够早一点思考学习的方法，学习优秀人士"学习的方法"，那么学习是帮你掌握知识、掌控人生的事情，何乐而不为呢。

现在想来，中学时候好好记笔记、每天写日记、摘抄名人名言、思考做题后面的共性和方法，为我的人生、甚至职业生涯的每一步发展都起到了重要的作用。我建立的《战略落地CAPEM模型》《创业加速八布（画布）法》，都与探索背后的逻辑和方法论有关。而随手记录时下的观点、经常写写观察也成为现在保持学习的一种生活方式。

三、通过实践来习得人生百味

大学时代，很幸运地进入了我的偶像周总理的母校南开大学中文系。南开位处天津，学风淳朴务实，比之清华、北大学生的压力要小了很多。在南开的四年，我的成绩一直不属于最好的，中等偏上，但是却参加了大量的社会活动，看了大量自己想看的书。现在想来，运用大学时光，参加了大量的社会实践，进行大量的阅读，真是非常正确的选择。

大学里有很多的社团，每个社团都有自己的方向，我在大学中有几个实践活动特别想推荐给年轻的朋友们，这些实践对我后面的发展都有持续的影响。

第一个叫作演讲队。我刚到大学的时候，普通话非常不好，典型的福建腔，因为前后鼻音不分，R和L不分，所以经常遭到宿舍姐妹们的取笑。恰好宿舍号是222，我不会儿化音，只会说"饿饿饿"，姐妹们老让我来一个222；去打肉包子，也总是说成露包子。恰好学的还是中文系，有现代汉语，要解决国际音标，还有训诂学，都和发音断句有关，真是觉得要了命了。当时也不知道哪来的勇气，居然在大一的时候，报了学校的演讲比赛，大概就是想给自己一个挑战，写了文章，反复训练，整个演讲过程感情酝酿也很饱满，但最后在四个字"充分发挥"上还是露怯了，看到台下一阵笑声，我干脆说抱歉了，各位老师，我是南方人，今天参加演讲赛就是想挑战一下自己，让自己普通话快速提升一下，没想到还是说错了，希望大家能对我的勇气给一些鼓励。结果大概是评委们被我的厚脸皮给打动了，最后居然还拿了个三等奖。

大三的时候，我在学校团委又参与组织了周恩来纪念馆的演说团，我还是团长，带着大家一起去给参观人员讲解周总理和邓颖超的故事，听了很多关于总理的故事，自己也参与讲解了很多遍。那个过程非常锻炼人，既是学习，也是一种价值输出。后来我再去想这件事，也许因为自己一时的勇气,也从一定程度克服了自己到新环境可能会存在的敏感和自卑,反而完全变成了一种积极向上的力量。所以很感谢那时候练习演说的过程。

第二个叫作记者团。当时宿舍里有一个姐妹是学校广播站的,我和她特别要好,就很想和她参加一个社团,可是我的普通话实在不够标准,广播站也不会录取我,结果阴差阳错加入了给广播站供稿的学校记者团。因为在记者团,有了很多机会采访学校的领导和校友,而中文系很多师兄师姐当时在全国各大报社都担任着记者或编辑的职位,所以每年寒暑假都会去一家报社或者杂志社实习,从《天津日报》《今晚报》,到福建《海峡都市报》,到《中国青年报》《深圳特区报》,新闻口、社会口、经济口、专题口,甚至摄影部都去了一遍,很早就看到了社会百态,经历过一个月一篇稿子发不出来,重大社会事件报不出去,跟着老师去采访知名企业家、艺术家、省级领导人,也有自己一个人从策划到约访,到一周写 3000—5000 字的整版专题。

那些过程令人难忘,也是极好的社会实践,我学到了两样非常珍贵的能力:一个叫"平视",一个叫"提问"。因为作为一名记者,如果你选择仰视或者俯视,都会让你的角度和观点有失偏颇,只有"平视",无论对方是谁,街边卖菜的阿姨或者一省的省长,都是平等的、值得尊重的,你都需要做足够的准备,都需要珍惜对方的时间。而因为要珍惜对方的时间,让对话有质量,让对话对象能记住你,愿意和你说出跟别人不一样的内容,那么"提问"的态度、方式和方法都非常重要。

你需要建立亲和与共情,让他愿意和你说真话。

你需要提有力量的问题,让他觉得你是懂他的,而且问题本身也能让他深思和收获。

你需要认真而专注地倾听，抓住重点并及时反馈和确认，以保证能让他放心地说。

"平视"和"提问"，至今我也总是和我身边的朋友、公司的小伙伴、我的学员反复强调，甚至把平等沟通和提问的能力变成了工具，来帮助大家刻意练习。这样的认知正是来自当年学校的实践学习。

第三个叫作勤工俭学。我记得那时候有师姐在宝洁工作，所以周末总是有一些在学校或者商业街派送小包装的促销活动。我有一段时间，每周末都去商业街做派送员，穿着宝洁发的工服，站在商业街上不断给行人派发赠品，工资按照天算，最后你是不是全部发完了并没有人管你，所以不少人发了一部分，另外一部分自己藏起来用，或者放在学校里 1 元一包交给小卖铺卖。这样一件小事，既考验了面子问题，也考验了个人的品格。既然收了工资，答应派发完所有的小样，这就是一种自己对自己的承诺。所以这么小的事情，却建立了当时对于商业的基本概念，即使到后来我也觉得是最重要的商业价值观，叫作说到做到、诚信。

而在勤工俭学的过程中，你会发现虽然有时候面子是个问题，但是通过自己劳动创造的收益，那份独立感和成就感是什么都比拟不了的，这样的习得越早越好。

四、每一年每一天都在进步

大学毕业之后有近 15 年的职业生涯，分别在世界 500 强企业联想集团和民营上市企业福建的九牧王集团，在去的时候联想还只是国内的知名企业，九牧王也还不曾上市，离开的时候它们却都上了一个台阶，所以，在其间的过程，跟随着企业的发展，自己也在不地学习和成长。

联想有一句话：每一年每一天我们都在进步。这句话用于我在联想的 10 年也是非常贴切。每一年都不曾荒度和懈怠，每一年都在不同的专业领域有所精进，这个也是我终身都要感谢这家企业的原因。

一毕业就加入一个企业，这个企业的价值观对你的影响会非常大。我非常庆幸当时选择了联想这样的企业，从一开始进入联想总部的联想管理学院，有幸和柳传志柳总有着多次面对面的交流和深度讨论的机会，早早就被柳总的个人魅力和大局观所折服，之后因为在管理学院负责着全集团的入模子培训，小小年纪就要给很多已经工作多年、甚至来了就做高管的经验人士做班主任，因为做高层干部培训，也有幸以课程之名接触到联想各个子公司最优秀的一群人，从他们身上又学到很多优秀的品质和做人做事的方法。

那时候本来只是做课程运营，大概我的性格总是希望突破自己的角色，能够不断去挑战一下，所以不到半年就和管理学院的老师申请讲课，通过内部的试讲，正式成为讲师，在当时也是少有，因为联想管理学院的员工本身都是博士、硕士，我作为一个应届毕业生加入其中就是特例，而讲师大部分不是联想高管就是非常资深的培训师，像我这样一个初出茅庐的年轻人去当讲师，大家其实很有点儿不适应，后面还有些好奇，所以称呼我也是有趣的"小吴老师"。

联想总部拆分，面临两个选择，一个是留下来跟随自己熟悉的团队、欣赏自己的领导一起创建联想投资，一个是到陌生的电脑公司，在新组建的信息服务公司 FM365 来做当时的互联网门户。两个都是新鲜的，但是最后我却选择了一个完全陌生的环境，参与到当时第一拨互联网浪潮中，担任栏目主编、首页主编，充分体会了内部创业的历程。

而在后来的时光通过内部竞聘加入产品设计中心，负责自己从来没有做过的战略和运营工作，抓起了项目管理、财务管理、人力资源管理和设计战略管理，很快得到提拔。又因为感觉自己战略专业度不够，而放弃了高级经理的头衔，转而走专业序列，以高级研究员的身份进入公司战略研究中心，负责企业重大战略课题研究和高管务虚会策划组织。在战略研究过程中，参与到联想并购 IBM—PCD 这场蛇吞象的国际化课题中，并承担了一部分整合课题的论证工作，有了与国际团队跨国沟通的大量经验，了解不同国家的企业人在思考问题上不同的方法体系和价值观。

而后发现自己离业务始终有点远，在做了战略两年后加入最核心的业务部门渠道销售部去负责全国的零售通路规划和建设工作，从布局街边店、电脑城店、千强镇店，到国美苏宁等大连锁出现，再到电视购物，最后京东杀出，线上购物开始和线下并行。又是经历了和深度参与了整个零售业的变迁和升级，以及一个国内最优秀的企业如何应对和不断调整自身战略，其中的快与慢，得与失。

在联想的 10 年，每一个脚印都是收获，总结下来，它给了我很好的职业素养、职业能力，也给了没有天花板的舞台，让你只要想，就有足够的空间和舞台。

另外，如何建立规则和体系，如何让事情更加专业而有序，如何在事前计划事后复盘，这些对职业生涯非常重要的习惯，甚至是终身成长的能力，也是在联想这样的企业中学到的。

还有，就是格局观，我记得联想早期的愿景是让中国岿然屹立于世界民族之林，使命是把个人的追求融入企业的长远发展中。虽然后面看，联想在发展过程中因为缺乏灵活度和对差异的包容度，错过了很多很好的商业机会，这和它高度强调集体主义有一定的关系，但是反观我的职业生涯，在联想的 10 年，它的民族尊严、大国使命，它的国际化探索之路、它的头部资源整合能力，以及柳总本人的管理思想无形中也拉升了自己的格局观和世界观。

所以，有很多刚毕业的同学问我到底是应该选择一家小企业，更有空间和活力，还是选择一家大企业，更规范和体系，我大多建议的是如果能进一家大公司，还是应该去一家大公司打磨几年，开开眼界，培养一下好的职业素养和职业能力。

划重点：
一个人一生如果想要获得过人的成就，注定和终身学习形影不离。我们不仅要思考事物的逻辑和方法论；在实践中，学会平视和提问。终身学习的人，生命不仅有温度，更有力度。

本章节的工具卡：
每天看 30 分钟的书籍，这 30 分钟不要把手机放在旁边，看完之后，然后做一个小的摘抄。

连续做 21 天，试试看，你有没有养成学习的习惯。

阅读书目 _____ 阅读时间 _____

好句摘抄：

我的收获：

知识要分成"知"与"识"

在谈论这个问题之前,我们首先谈论一下,什么是知识。

知是知道,什么叫"知道"?看一个东西能够辨识道理、了解规则和常识,这就是知;道是道理、规则、常识。有一个字叫"智",把它拆解开就是日日知,日日知新、日日知道,就有了智。

识就是识别和区分,要能够识别和区分,你就要有自己的思考和判断能力,明是非,做选择,这就是识。

所以,知识是区别于我们今天说的信息。今天,在移动端高度发展的社会,碎片化的信息充斥着我们的生活,各种知识付费的内容不断向我们涌来,如何选择?如何让知识付费获取的不是信息,而是知识,让你是在强化你的常识和你的判断力,而不是削弱你的思辨力,成为知识的奴隶,或者信息的堆积者。

关于知识,我特别想让大家跳出固有的一些认知来重新看待,有句话叫"实践来源于生活",所以我想和大家强调"知识来源于生活",

去积极地生活，你就一定会获得属于你的知与识。

一、知识来源于家人

比如今年在跟创业者分享创投趋势，解剖当下的一些成功案例时，经常会讲起盲盒这个现象。关于盲盒的认知有很大程度就来自于我们家盲盒的重度消费者，我12岁的女儿。有一段时间，几乎每周她都要去酷玩店或者无人售货柜买一个盲盒。为了获得购买盲盒的钱，她有了很强的学习动力，每次考了班级第一就会说妈妈能不能奖励我一个盲盒呢？结果考第一逐渐变成了常态，她的盲盒在家里也越积越多。

因为和学习激励挂钩起来，价格也不是特别贵，所以我从来没有否定过她的行为，但是我对她的痴迷非常好奇，一个小玩具而已，为什么这么上瘾呢？于是我和女儿有了一次关于盲盒的对话。以下是对话的实录：

问：女儿，你为什么会这么喜欢盲盒呢？

答：天啊，妈妈，你不觉得它特别酷吗？

问：好像有一点，但是我好像不会上瘾，为什么你那么想买，把零花钱都花在这里呢？

答：好吧，妈妈，你看哈……

首先，你买每一个盲盒你事先都不知道它长什么样，是不是很神秘，很好奇，最后拿到手里拆它的感觉，就像拆圣诞老人的礼物一样，特别兴奋和期待。

第二，你拆开以后可能有你不喜欢的，但是大部分都是你喜欢的，还有几个是特别好看的，大家都想收藏的，而且盲盒总的设计还都是大家喜欢的，设计感在平均之上，价格也不太贵，买了也不会后悔。

第三，在我们学校，基本上女同学都收集盲盒，它已经成为我们这个年龄同学之间沟通交流的话题，你看哈，我们女同学都在说，如果我没有的话，我们就少了一个共同话题，我是不是显得很没意思。

第四，盲盒里面有神秘感，但这种神秘感又很公平，每个人都不知道里面是什么，都是自己抽取的，所以你即使抽重了也不会怪别人，还可以跟同学交换彼此没有的。

第五，它里面藏了一个特别的惊喜感，就是"隐藏款"，在包装盒上看不到图像，往往设计更特别更好看一点，数量又特别少。万一抽到隐藏款，价值可以达到原价的10倍，网上有很多销售隐藏款的，你感觉就赚大了，之前买的不喜欢的就都值了，所以每次都特别希望能够抽到隐藏款。

第六，当我能够收集到全套盲盒的时候，我在同学面前会很自豪，如果谁能有全套盲盒，就觉得她太牛了，就是校园大咖。所以盲盒是不是真的很好啊。

我又随手拿起手边的一个玩偶和一张人物的画作问她，如果把这些做成盲盒你会买吗？

女儿答：当然不会了，你看它长得多没特点啊，还有身上的衣服太简单了，都没有什么零部件，你看这个盲盒，你有没有觉得它长得很不一样，很特别，很酷。做工也很精致，还不断有新的系列出现。总之，感觉买不完买不够。

听完这段话，我忍不住对女儿说，你在盲盒这件事情上你就是我的老师，我能不能把你说的记下来，如果我的创业项目里有涉及盲盒的，能不能请你当兼职设计师（女儿漫画画得很好），或者做产品体验师。

你看，知识来自家人，来自你的孩子，来自生活。

和女儿聊完之后，我在我的朋友圈写下这样一段话：论 2019 年重要现象之盲盒。不是所有的卡通产品都能做成 IP，即使有 IP 也未必能盲盒化，即使有盲盒概念也未必能够走进年轻人的心，即使走进年轻人的心也未必能持久……

二、知识来源于朋友

那天我跟一个我授课的学生一起回家，我搭他的车，在课上他非常谦逊，也特别有激情，总是不断询问我各种关于创业创新的问题。一起坐车回家，其间我随口谈起了我儿子最近老在咳嗽，偶尔还会哮喘，非常头疼。

学生在路上就开始跟我传授，到底应该怎么去治疗咳嗽。他竟然是中医世家的子弟，也是国内一支传统中医大师的嫡传弟子，家中几乎从不去医院看病，自己基本上都能够解决。

他跟我讲孩子的病，一个问题出在消化积食，还有一个问题就是外感风寒。其实，大多数孩子的咳嗽就在于这两个问题。你解决了这两个问题，一般常见病都没有了。他劝阻我买药，并传授我怎么去做山楂酪，安全又有效，解决孩子的积食问题，另外一定要注意别让孩子出汗的时候受寒，那样就特别容易感冒。在这一路下来，感觉自己对孩子长期咳嗽的焦虑一下就没有了，如果我不与其同行，不在路上分享我最近的焦虑，我可能也得不到这些知识，而我们只存在课堂上的师生关系。

所以，每个人都有自己擅长的领域，在你身边就有这样优秀的朋友，他们掌握着你不了解的知识，当你和你的朋友们进行交流，让他们分享他们自己最擅长的一个点时，你收获的知识就在成倍地增加，朋友们的知识能够帮助你突破认知的边界和惯性。

后来我又让这个朋友在我们的社群里和大家分享了他的养生学问，包括职业人特别容易犯的痛风怎么解决，慢性咽炎怎么解决，焦虑抑郁症怎么解决，等等。有一个同学在群里问，最近处在焦虑抑郁的阶段怎么办？这位朋友说对于焦虑抑郁症也不要慌张，这是因为肺、脾胃出了问题，过度思虑引起，有方法调节就好，他给出四个方法：

1. 运动调整（双手空抓）；

2. 强迫自己笑（调动阳气）；

3. 怒生（释压）；

4. 调养（揉丹田，春阳气升灸关元，晚不灸冬不灸）。

讲完，群里很多人都说我们都有一定程度焦虑，现在听完觉得有解决方法了。

另外一个男讲师问，总是喉间有痰，有慢性咽炎能治吗？朋友说慢性咽炎治疗方法：

1. 声音按摩，不舒服时做喉间吞吐声，如俄语发喉间颤音；

2. 揪痧，揪喉间位。咽炎是因为喉位置气血不通，经络淤堵，所以自行刮痧，让淤堵通畅；

3. 用青橄榄泡冰糖含服，可润喉润肺；

4. 鹰爪掐咽喉两侧，手抓喉结放松抖。

你看这就是我们所不知道的知识，解决了生活中困扰我们很久的问题。这样一次搭车，通过我把朋友的优势进一步放大，把他的知识传递给了更多需要的人，现在，大家都把这个朋友当作生活中的一个宝。

三、知识来源于书籍

我很喜欢看书，书籍对我建立自己的知识系统应该说影响是最持久的。不过，同样喜欢看书的人，每个人通过书籍获取知识的价值却各有不同。

很多人看书都是看信息。看完之后，其实并没有得到什么收获。所以他们并不知道里面的道理，也没有形成自己看世界的态度和自己的认知能力。其实，当知识能够沉淀在你脑中或者沉淀在你的心里，并且能够产生一些好的价值，这才叫获取知识。所以，我想给大家分享一下我自己的读书方法。

读书读三遍。

第一遍叫略读，翻翻目录，快速过一遍书的内容，了解整个书的框架，里面有可能有哪些是过去我不了解的，对我的吸引力会有多大。

第二遍开始精读，在精读的时候，习惯拿笔在书上进行标识，比较好的段落在书上画出来，如果觉得未来可能用得上的，就在旁边加上注释，在哪里，怎么用，或者这个段落让我产生了哪些启发和联想，就在边上做上批注。这些地方往往就会形成你的思考和判断。第一遍读书讲的是知，第二遍就是识。我们读书就是有一个从知到识的一个过程。

有时候为了巩固知识对自己产生的启发，我还会做对这本书的第三遍解读，就是写一篇读书笔记，这本书中最有价值的部分是什么？它跟之前阅读过的书籍相比带来的新知是什么？给我的启发是什么？在未来哪些领域这样的新知是可以运用到的。所以，我发现自己读书那个"识"

的部分都变成了内在一个独特的能力，就是把书中内容工具化、模型化，通过整合优化之后再传递出来，带给他人以帮助。

我的朋友樊登也爱读书，但他特别厉害的是把自己的兴趣爱好做成了商业，每周读一本书，然后把他对书的看法和见解说给读者听。他读书主要选择三类书籍：家庭、亲子和经营，这三类几乎每个家庭都需要。我认真听过他的读书节目，做得特别好的点在于共情，樊登总是能把书中的知识，结合生活中特别朴素的道理，或者，用就发生在我们身边的小故事表达出来，让每个人都能感同身受。

樊登说，读书一定是解决问题的，所以选择读给大家听的书一定是解决大家在生活中或者工作中棘手的一个问题，比如点击率最高的《正面管教》就是告诉大家如何与孩子沟通；《亲密关系》就是解决夫妻之间如何相处；《非暴力沟通》就是怎么能够进行有效的沟通。所以，共情和解决问题成为"樊登读书"为什么那么受欢迎的"秘密"。

樊登把他的知识传递给了其他人，而其他人如果没有思考和运用，就可能纯粹是堆积信息，还会丧失自己读书的乐趣和思考。一旦听完之后还会反过来再去书中求真，还能将对自己最有启发的部分用于生活，那才能成为自己的知识。

大部分的书籍翻完就可以了，因为里面没有新知，对你来说可能就是起到信息获取的作用，类似于大数据的功能。但是总是有那么一部分书是可以给到你精神和行动层面的启发、促进，你需要对这部分做一个筛选。多读几遍、反复读、写读书笔记，在以后的文章或者演讲中反复引用。这样，书籍中的内容已经变成了你自己的内容，别人的输出成为你的输入，消化之后，真正成为你自己的知与识，形成你自己的独立判断和主张，让你对事物有更全面的看法和认知，也会让你的选择更果断。我想这才是书籍对我们最大的意义！

四、知识来源于实践

这是最重要的一点,知识来源于实践。我们对世界的认知从根本上不是来自外在,无论朋友、家人,还是书籍,都是外在的输入,而最重要的还在于你自己做出来、走出来、感受出来,就像那句古话"行万里路,破万卷书"。

我曾经举过两个我自己的例子,刚毕业想去联想,就把我在实习中发表的文章发给联想人力资源部的负责人,很幸运,不久就收到她的邀约,在沟通中她问我大多是实践的问题,比如这些文章都是你独立完成的吗?这篇文章当时你经历了什么?你觉得对你最大的挑战是什么?你作为一个实习生为什么能发表这么多文章,怎么获得实习单位的信任?怎么处理挫折?这些问题背后都是实践,你没有经历过,根本就回答不了。因为这样的一个面试过程,我成功地进入了我想进入的公司。

在离开世界 500 强加入一家正在快速发展的民营企业,我经历了很长一段时间蛰伏期,这种蛰伏不是主动,而是被动,因为中国的民营企业大多是野蛮生长起来的,他们的创始人很多都是家族创业,没有上过高等学校,没有理论和系统,大多是靠在江湖中摸爬滚打活出来的,他们尊重人才和经验,非常渴求知识,但真正在治理公司的过程中,从上至下只相信一个道理"你去干干试试,看你的结果行不行"。

所以,在进入这个公司的初期,我提了很多方案,大家都说好,慢慢熟了以后,大家开始说听不懂,再熟一些,他们直接跟你讲:玲伟,不要再说了,你得自己去做啊,别老跟人家说怎么干,你干给大家看看。过去在 500 强,分工和职责非常明确,做到一定位置,连方案和 PPT 都不用自己做了,只要做一些决策,见一些重要的角色,给出指导就可以了。可是到了民营企业做高管，你才真正体会到什么才是"打出来的江山"，对于空降的职业经理人来说一样，你说理论、道理，说得再好都没有令人信服的业务业绩来得有用。

所以，在完成这样的认知之后，我开始走到店里，像一个真正的销售员来面对客户，了解产品到底好在哪儿。走进制造工厂，看看一件衣服究竟需要几个工序完成，服装剪裁的专业化到底体现在哪里。

当时我在企业中负责战略，很多人说听不懂，后来经过不断地交流，我才知道"听不懂"的意思是"不知道怎么做"，大家要的不是知识，而是自己能够做战略的能力和方法，所以，不是丢给大家一个战略模板、参考案例和一个上报的规划流程就可以了，而是让大家自己会做战略，并且相信战略。怎么完成这个转变呢？带着他们一起做战略，和他们一起跑市场分析用户、一起开会研究数据、一起以渠道的角色换位看看哪些品类的衣服可能成为爆品，等等，最后这才帮助一个一个业务模块把他们的战略做出来。

自己创业之后，知识来于实干的感受更深了，我甚至把"干法"作为我做公司的最核心的理念：

创业是干出来的，不是教出来的；

让创业者在一起赛马才是最好的助力；

让用户决定产品的方向，让创业者决定自己的路。

所以我的企业核心产品就叫作"创业加速八布法"，帮助大家解决干法而不是学法，帮大家看见改变而不是贩卖焦虑。这些都来自对实践的深刻理解。

我记得有一年作为前员工代表回到联想交流，老领导、联想集团CEO元庆问我这几年最大的启发是什么？我回答说，很多事情不再依赖于经验和知识，我们过去的固有思维模式反而会框住我们对外部的理解和认知，只有勇于去实践，和用户、市场在一起，才真正能够有真知和答案。

比如我要做加速器这样一件从来没有人做过且做成功的事情，如果在大公司会怎么做？通常会告诉我们先去研究外部的成功经验或者标杆，先研究，想清楚了再做。那么从立项，到研究、学习至少需要半年的时间，然后剩下半年和各个部门协调关系，统一认知和行动，先做个试点项目，估计又是半年。这一年时间，我们只做了一轮加速营，其实仍然在我们的固有思维里做事，结果一定不会理想。我们得出的结论是这个事情做不成，于是很可能就选择放弃试点了。

而今天我做加速器，我一开始并没有想清楚，在3分清楚的时候就开始干，一开始也是和其他人干的类似，找大咖，做课程，干的过程中就发现了问题在哪里。到底什么叫加速？课程就是加速吗？我们没有自己的产品，社群运营经验不足，创业者时间成本最重要，我们要求他们上课，却没有让他们在有限时间里看到改变。

有了这样的认知，我们马上启动了第二次加速营，对上面的问题进行了迭代，同时继续观察学员的反馈，让学员参与到我们的迭代中来，这时候我们开始有了产品的初步雏形，发现筛选比助力更重要，发现项目数据公示化会促进他们的行动，发现对早期项目加速和基金配套起来才有可能创造收益……我们对加速器的认知已经有6分了。

这一年我们做了第三期，继续对上面的问题进行验证和迭代，并且发布了我们的加速产品和加速理念，提出了我们对一个加速器的理解和定义，在这个行业中因为实践和加速的成果，我们用一年的时间成为行业的标杆。这，就是实践的力量，按照以往的惯性一年做一期，思考了很多，以为自己想明白了，其实结果依旧还是 3 分。而一年做三期，在迭代中寻找答案，你就可能从 3 分到 6 分，甚至 9 分。

划重点：

<u>知识要分成"知"与"识"，知是知道，识是识别和区分。知识不仅仅从课本获取，也可以从家人、朋友、实践中获得。无论从哪个方面获取的知识，都可以带给我们勇气和力量，带给我们充实和宁静。</u>

本章节的工具：

尝试精读一本好书，完成一次从"知"到"识"的升级过程：

第一步：快速读完一本书，能够给人介绍这本书大致是讲什么的，故事梗概是什么。

第二步：精读这本书，认真阅读每一章节，对好句画上横线，在有想法的地方可以直接做上注解。

第三步：在精读完一遍之后，在 3 天内写一篇不少于 1000 字的读书笔记，里面至少包含 3 个来自你自己的观点。

第四步：定一个时间，给你的朋友或者团队做一次不少于 30 分钟的分享，让知识成为你自己的一部分。

朋友圈的质量决定了你的认知天花板

  我和一些创业者聊天时，经常会提到朋友圈，在智能化时代，朋友圈渐渐演化成一种广义的社群关系或者连接关系，而不局限于人与人之间面对面的交流。线上朋友圈的质量大大拓展了过去你直接面谈的朋友，以往有这样一句话：一流的朋友跟人谈理想，二流的朋友与你谈事业，三流的朋友喜欢谈事情，四流的朋友总是谈论是非。你的朋友圈很杂，有些人你也许从未谋面，但是通过他的朋友圈，你可以发现他是什么样的人，是否值得尊重或深交，这样的人越多，朋友圈的价值越大。

  而对于线上的朋友圈是否有质量，一个人是否能够受到朋友的尊重，我感觉里面有四个层次，依次往上是：能力、思想、价值观、格局，如果你的朋友圈里能够四者兼具的，你一定要把他们做特殊的备注，多看他们的输出，他们往往成为你做人做事的标杆，争取有机会面对面学习和交流；而如果你的朋友圈里你评价这四个层次一个都没有，那么你可以对朋友圈做一次梳理和删减。

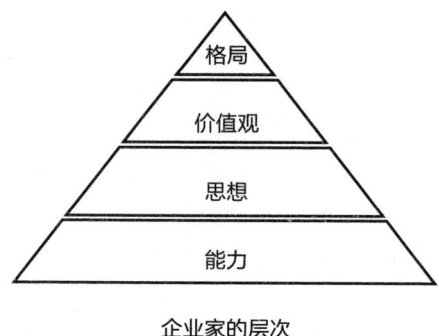

企业家的层次

不同的朋友所谈论的重点完全不同,但是每个人如果能多一些有格局有高度的朋友,对你的见识和格局就会有很大的帮助。

无论线上线下,你的朋友圈质量就是你的社交质量。

你每天在关注什么样的人,与他们进行过怎样的交谈,能从他们那里获得哪些信息,是否会对你起到积极向上的推动作用,能不能帮你打破你的认知局限等。

越来越多的人开始重视线上朋友圈,见面不多,但是英雄相惜,知思想知主张。

我的朋友圈大体有这样五类人,他们帮助我构建了我在工作和生活中大量的认知。

一、与工作相关的创投圈的朋友

由于工作的性质,我需要和大量年轻的创业者打交道。创业者经常在朋友圈发一些与创业相关的内容,比如相关项目应用的信息,对于创业发展的看法,以及团队新闻等。通过他们的朋友圈我可以了解到创业者的状态,他们的观点和价值观,他们喜欢什么不喜欢什么,他们最近在关注什么人什么事,他们喜欢转发哪类文章,他们的眼界和边界在哪里,他们的企业是否仍然在不断地推陈出新。这个能够帮助我们从另一个角度识人、识项目,也可以了解到他们的心理状态。有些项目的创始人突然关闭朋友圈的开放度,很长时间都没有任何消息发出,那有可能就是他或者他的企业出了问题,这也会帮助我们快速对项目进行投后跟进和交流。

因为工作的原因,我们会经常和加速过的创业者建立沙龙,听创业者在社群里或者线下分享他们最优秀的创业技能,或在创业过程中遭遇的最惨痛的坑,这样实干出来的事例对大家的帮助非常之大,有时候远超过知名导师、顾问带给彼此的冲击。

在创业者分享的信息中也会分出高下来,有些创业者他们分享的信息既有年代感,又有先锋感,对于我们固有的思维惯性是极好的突破。有些人每每转发都会写出自己转发的理由写出自己的观点,有些就仅是转发而已。相比之下,前者更有价值。

除了创业者,大量的就是投资人。投资人大多分享的是他们投资项目的信息,或者投了谁,或者已投资的谁融资上市等信息。投资人的朋友圈基本上都是报喜不报忧,信息偏员。少数投资人会自己原创文章,或者通过演讲来分享他们的投资理念,和对行业趋势的看法。这里面其实也会有高下,有一些在专业度上非常强,经常能够给出专业领域的分析报告。有一些对于他关注的文章或者现象有一些想法,就会写出来。这里面大多还是体现出他们的能力,只有少数是能够产生思想,体现和他人不一样的格局。这里面高瓴资本、红杉资本、经纬资本、洪泰资本的创始人，他们的分享就有这样的特点，不致力于在报道和宣传一个基金如何，更多地是在思考当下、思考产业趋势、思考常识、思考未来。所以渐渐地，这些人的朋友圈你就会格外留意，转发的内容也相应多一些。

二、与未来相关的技术创新者和思考者

在我的朋友圈中有不少科技管理人，他们也是技术创新的带头人。我很喜欢看这类人的朋友圈，他们发的内容相对比较少，但是非常严谨、未来感很强，总是能够最快捕捉到前沿的科技哨声。

因为未来的发展和科技创新有极大的关系，我们工作中有很大一部分都是在做商业的科技化升级，以及科技的商业化、场景化发展，是否有核心技术，如何判断核心技术，技术的应用场景和当下的发展状况就变得非常重要。

所以，一方面看他们的朋友圈都在关注什么；另一方面，有疑问积极向他们求解，寻求他们的帮助。

比如有一天看到群里一个朋友发出一条信息"技术没有价值观，技术应用不能没有价值观"，我突然对技术有没有价值观，产生了好奇，于是立刻请教了三位技术界的朋友：

地平线创始人、AI 领域的专家余凯回答：科学是没有价值观的，技术是科学的应用，应该有价值观。比如空气动力学是科学，导弹是技术，是空气动力学的应用，就有价值观。价值观就是价值的孰轻孰重，善恶就是价值的取舍和排序。

科大讯飞执行总裁、科大讯飞研究院院长胡郁回答：技术是一种无

取向性的手段，而技术应用主要评价使用技术的人，所以技术应用有价值观，原因是这些人会把技术用在不同的场合而后领域。对于 AI 来说，如果人工智能发展到强 AI 阶段，没有人可以保证他一定能产生意识或者不产生意识。

搜狗的创始人王小川回答：技术服务于人的生存，自然就有了对意义的追求，技术被人选择，所以技术一定会体现出价值观。

一个话题，不同的人给你不同的观点和看法，但你会因此而产生更深度的思考和理解。

和科技类的朋友进行交流，你需要有自己的观点。因为这样的朋友尤其强调与谁沟通、沟通的效率和沟通的质量，所以当你跟他们进行交流的时候，你要提出你的观点，同时说明你的理由和看法，当形成平等的互动和交流时，你们的沟通才会在一个维度上往深入去走，否则下次再请教估计就没人理睬了。

三、那些你可以称之为导师的朋友

如果你的朋友圈全是一流的企业家、投资人、专家学者，那么你自己也一定身处这个行列，也如他们一样优秀。大多数人不在这个金字塔的顶端，所以，你的朋友圈里如果能有几个你能列为导师级的人物，那就会对你产生不一样的收获。

什么是导师，就是我在前面说到的，他的能力、思想、价值观和格局都能够给到你启发和拉升，帮助你更开阔地认识世界、更深刻地理解人性、更有效地发展行动。能够成为导师的人，往往自己就是一个实践主义者或者深度思考者。

　　在我的朋友圈里非常有幸能有一些这样的导师，企业家如俞敏洪、张一鸣等人，还有投资人和学者。他们的朋友圈关心着国计民生，思考着经济和科技大势，他们志向高远而心怀天下，拥有着广博的世界观和人类观，他们对当下的社会现象非常敏感，或者说他们就是他们所在行业的领导者和推动者，他们发出的企业信息也往往是这个时代做企业的人值得学习的榜样。比如洪哥在疫情下坚持写了 60 篇疫情日记，既记录了这个特殊的时代下特殊的事件，又呈现了他作为企业家对于事件的思考和期望。如果说勤奋是一种能力的话，那么洪哥在思想、价值观和格局上都是一个标杆。

　　而一鸣一直是朋友圈的深度潜水者，看到他的内容大多不是通过他自己发出的，而是通过别人发出他的信息，最近他在字节跳动 8 周年写给全员的一封信就让人看到一个卓越的全球企业家的样子，其中他的思考"什么是科技？什么是科技公司？为什么科技公司需要承担更多的社会责任？""如何把公司当作一个产品？公司这个产品的本质是什么？""什么是始终创业的重要标志？"这些不仅是他和他的企业未来要专注的领域，也是我们在格局层次值得学习的内容。

　　柳传志柳总一直是我的老领导，也是很多企业家的偶像，在我的朋友圈有大量以前联想的同事，所以总是看到柳总的各种信息，比如关于何为真朋友，柳总这样定义：永不相欺、永远赤诚相待、肝胆相照，敢于把后背让给他。有些惺惺相惜、心生仰慕，没有时间相聚，但心却是相通的，虽然是隐形朋友，也同样是真朋友。

四、和孩子相关的爸爸妈妈们

我特别关心孩子教育的问题，因为家里有两个孩子，如何和他们相处是每个妈妈都关注的问题。所以孩子妈妈们所发的朋友圈，我经常会看。因为她们所转的大多是一些与儿童教育相关的内容，比如要买什么书，买什么好东西等。还有她们带着孩子参加了哪些有意思的活动，去哪儿玩了，吃什么好吃的，都对我有价值。

比如前段时间我买了一套3岁孩子的书，叫《萌萌的科学》。这套书是妈妈们推荐的，特别有意思，里面讲的内容都是与科学相关的故事，帮助孩子理解科学。

什么是温室效应？其实解释起来非常复杂，但是它会讲一个故事，小宝宝去外面晒太阳，然后他裹着一张毛毯，就觉得特别暖和。太阳一直吸进来，就会觉得越来越热，然后就会出汗。这就是温室效应。因为地球就是你，大气就是裹着的毛毯。如果汽车排放的二氧化碳多，地球就会越来越热，就会出汗，然后冰川开始融化。

先讲了一个相匹配的故事，然后再来讲科学，就非常有意思了。其实这就是教人说话与沟通的一个方法，要先讲一个与之相关的故事，这个故事对方一定要听得懂，然后再来讲道理，自然更容易理解。

这样的方式既适合给孩子来传递什么是科学，同时也会让我联想到工作，如何帮助企业更好地表达自己的产品，如何让用户和投资人更好地理解和接受他的信息。

一个做企业的妈妈，最内疚的就是缺少对孩子的陪伴，所以经常关注朋友圈内妈妈们的信息，感觉也局部弥补了自己心中的缺憾，同时也提醒自己去省视你做得究竟如何？你是否能够很好地平衡工作和家庭？你是否带给你孩子快乐和安全？

五、那些经常被你忽视的亲朋好友们

他们都存在于你的朋友圈里,但是当朋友圈人越来越多,那些线下曾经是你最亲近的人,却慢慢地变成朋友圈里最沉默的人。

他们是你的父母兄弟,他们会提醒你冷暖,关心你心情和健康;他们是你的老同学、老朋友,好久不见,可是仍然在那里;他们是就在你身边的爱人、孩子、伙伴,就在眼前,却最容易视而不见,明明不断跟你讲话,你却似乎根本没有听见。

所以这些人,往往是在朋友圈里你需要置顶的,固定时间电话连线或者线下固定时间做固定话题交谈的人。和他们交流,能够让我们心安。也许里面只是家长里短、各种琐事小事,但是这就是生活中不能缺少爱和温暖,也是你的朋友圈真正的基石,无论朋友有多少,这样的群体是不能被忽视和遗失的。

因为有他们在,所以支撑了我们发展自己的能力、思想、价值观和格局。

每个类别都那么不同,但是他们真实地充实着每个人的朋友圈,认真去和不同的人接触,对你自己的朋友圈产生好奇,你就会不断突破你的认知。

划重点:

在智能化时代,朋友圈渐渐演化成一种广义的社群关系,所以我们要学会对自己的朋友圈进行分类,帮助自己更好地提升朋友圈的价值,

<u>温暖地拥抱朋友，开阔地认识世界，深刻地理解人性。</u>

本章节的工具卡：

请拿出1个小时，来给你的朋友圈做一个梳理和分类吧：

1. 哪些是朋友圈里的安全基石，对你最重要的人，你要保持定期沟通的，写下5个名字；

2. 哪些是你最亲密的工作伙伴，写下5个名字；

3. 哪些是在成长中可以成为你导师的人，写下5个名字；

4. 最后，请删除掉100个你认为无效的名单。

既有开放的心态,也有取舍的能力

一、以开放的心态接纳万物

在 17 世纪以前,人们认为天鹅是白色的,直到在澳大利亚发现了第一只黑天鹅,这一不可动摇的观念才被打破。可见人的认知是没有边界的,如果给自己设限,那就自我封闭了。

而封闭这件事情,真是年龄越大越容易犯。我们看小孩子,都是永远充满好奇心,永远想要尝试,就算被骂也停不下来。而成年人,特别是中年人,到了一定阶段,有了一定阅历和经验,价值观相对形成,对别人的不同意见反而难以接受。

我去年由于业务的拓展,曾经想挖一个三人小团队,但是跟那个团队接触几次之后我就打消了挖人的念头。因为我发现,团队的两个成员都称呼主管为师傅,并且对师傅言听计从。我跟这位"师傅"讨论事情的时候,经常我的话还没说完,他就准备好了反驳的姿势,他每次说话都以"可是""但是"开头。

我觉得这样的人不是我想要的。我希望我的团队是开放的氛围，大家各抒己见，发挥所长。

如果每个人都封闭在自己的空间里，根本听不见别人的声音，也看不见世界的精彩，感知不到每日的不同，那么每天只能被困在忙碌琐碎中。

我很喜欢《混乱》中的一句话：在自然界中，多样性意味着健康，在其他领域，亦是如此。

保持开放的心态，才能接纳万物。

二、如何保持开放的心态？

人类自私的本性是反对思想开放的，换句话说，接纳开放是反本能的，因此才艰难而珍贵。

想要打开自己，让自己心态开放、快乐，可以尝试几个小方法：

1. 尝试新事物

我经常周末空闲的时候，带着孩子们或者好朋友去寻找北京最好吃的馆子，无论大小，但是一定要有特色，最好是之前没吃过的。看看新的美食、好看的摆盘、吃好吃的食品是一件很容易让人开心起来的事。还有去逛逛新的书店，去大型 shopping mall 看看又有什么新的店铺、新的产品、新的摆设，看看年轻人都喜欢什么新事物，又有什么新的品牌出现排队的情况。

2. 结交新朋友

这是我非常喜欢的事情，跟新认识的人聊天，听对方说新的想法，真的很有意思。你也可以加入一个志同道合的群，比如插花群、话剧群等，兴趣相投的人总会有共同的话题。

3. 深度聆听别人说话

这就是倾听的力量，当你耐心而专注地听别人说话，压制下意识的反驳行为，就会从别人的话中获取什么，实现了打开自己的第一步。

4. 培养一个兴趣

这个我深有体会，我属于兴趣广泛的人，最近迷上了话剧表演，每周再忙也要去排练一次。虽然每次都被老师怼，但我依然想方设法地挤时间过去。兴趣能让你开心，一开心离接纳就不远了。

5. 做决定之前想一下

在做出决定前给自己一些时间，保留对每种可能性的判断，不排斥任何一种可能性。一旦做出决定，就相信这是当下做出的最好的决定，对下一刻的变化，以开放的心态处之，你相信变化是常态，拥抱变化会让下一步更美好。

三、开放之后要收敛和聚焦

说完开放的接纳，我想说一个故事。公司的小伙伴都知道我喜欢学习型的团队，喜欢让大家头脑风暴，确实很多创意就是这样风暴出来的。可是前段时间我发现，会议室里总是有人在讨论，大家都说得很嗨。我就很好奇啊，于是在又一次大家讨论得很嗨的时候，我进去听了听。结果听了半天也没摸着头脑，有人说咱们跟一篇肖战的热点文吧，肖战哪些照片特别撩人；有人说咱们应该做个 App，如何刷评论如何抢占用户留存；有人说抖音是流量高地，咱们赶紧在抖音号上发力吧……

我实在忍不住，就问会议组织者，你们到底在讨论什么主题，想解决什么问题。他的回答让我差点儿背过气去：没什么问题要解决，我们就是头脑风暴一下现在的业务。

没有目标和主题，没有结果的达成，这么嗨，是不是太浪费了，然后呢？

这就是开放状态过头了，开放完之后呢，要干什么？就像我们买东西，双十一抢购一屋子的东西，然后呢，就堆在门口吗？当然不能！

知识也一样，发散开之后，要根据主题，进行总结和归纳，形成最后的结论，有用的进入到今天的结论中，没用的丢掉好了。最怕的是讨论一天，不知道哪个有用哪个没用，因为没有目的性。

就像上面说的头脑风暴，如果没有一个明确的主题，那么大家聊得再嗨，后面没有一个聚焦，没有总结和共识。这对于工作时间来说就有点浪费了，说得好听一点叫头脑风暴，说得不好听，就是拿公司的工资在闲扯。

如何杜绝这种浪费呢？明确主题，总结归纳。

我相信事情是由一个个主题构成的，我们每天面对庞杂的信息和知识，如何选择，如何取舍，我认为标准有一个，就是主题化。

"什么对你来说是有价值的，什么是无价值的""你是谁"，先要区分这个。拿我来说，我非常清楚自己想做什么事，就是特别想去寻找一个答案，什么才是对创业者真正有用的东西，于是我做了创业加速器。

我一直在探寻加速的产品，并且不断进行验证，我的实践和认知都是围绕这个目标在前行的，这其实就是典型的目标导向，先找到那个主干，所有有效的知识是一定能挂在这棵树上的，如果挂不住，那就丢掉吧。而且挂在这棵树上的东西，最终会滋养这棵树，树长得更茂盛，能挂上的东西也就越多。

反过来也成立，当有了明确的主题，知识还会自动聚集，开放就有了真正的价值。

你想成为一个专业的人,那么关于你行业的专业知识就会引起你的注意;你想成为一个美食家,那么你的雷达会捕捉到很多美食的节目、方法等;你想成为一个好妈妈,那么孩子的进步会让你欣喜,任何一点反常也会让你思考。

我最近在学习话剧表演,于是闲暇的时候就会看《我是演员》,我不是为了看综艺而看的,而是学习怎么去演,琢磨什么才是无形的表演,我在话剧排练的时候应该怎么演。这,就是在目标感带来的选择和收敛。

划重点:

在自然界中,多样性意味着健康,在其他领域,亦是如此。保持开放的心态,才能接纳万物。尝试学习一个新的兴趣,结交新朋友。在保持开放的同时,学会取舍,用"主题化"的标准进行判断,开放带来真正的价值。

这章节的工具卡:

你让自己保持开放、保持新鲜的方式有哪些,可以写下来看看,也可以和你的家人和朋友一起来做,一起聊聊。

	保持开放的方式	针对的对象	频率
1	只倾听、不评判	孩子	每天30分钟
2			
3			
4			

比勤奋更重要的，是深度学习能力

一、为什么要深度学习

我们公司有两个女孩，很有意思。

第一个女孩比较外向，活泼开朗，积极主动，每次开会布置任务时，我说这个项目谁想尝试一下啊？她肯定第一个举手。我说这位客户需要个特别方案，谁来加班做一下啊？她肯定第一个说"让我来吧"。这样的积极性肯定不能打击啊，于是我就交给她了。然而，几次之后，我发现事情不是那样的。她每次提交的方案都不达标，甚至非常初级，项目重点、诉求等完全没有体现，几乎就是之前的方案换个标题，没有就某个项目的具体思考。

还有一个女孩，和刚才那位恰好相反，她是内向型的，每次别说抢答了，我点名让她去做训练营的班主任，或开课的时候让她去开个场，她每次都因紧张而满脸通红，最后还特别无助地说："∨姐，还是你来吧。"

但是她极其认真，特别爱做笔记，会议记录是全公司做得最细致的，拿出的方案非常完备，每次都有四五页，加入了很多自己的思考。但是正因为太完备，每次我周一要的东西，她都要拖到周五，中间我催问几次都没用，直到最终提交一个她认为满意的东西。

悲剧的是，她花了很大精力做出的方案，却不是我想要的。从方向上就搞偏了，重点根本没抓住。我就要从头为她梳理思路，列出一二三四点，然后她再重做。如果她把从周一到周五独自思考的过程拆成几次进展沟通，相信结果就完全不一样了。

这两个女孩，让我头疼，也让我反思。

两个完全不同的人，看似两种不同的典型问题，一个是不输入，一个是不输出，但她们身上其实都有一个问题：深度学习能力。

提到学习能力，我们都不陌生，学习能力是从小孩子到成年人都非常重要的能力。一般人会认为，学习就是看书、听课、跟老师请教等，这些其实是输入。这种学习有用吗？肯定有用。有多大用呢？不知道，因为转化成自己的东西才有大用。

学了能用出来，就像武侠小说里的主人公，跌落山崖被世外高人所救，并将毕生内力传给他。如此深厚的内力有用吗，或者怎样最有用？肯定是融入自己的武功招式里最有威力。

所以，只满足输入其实是浅层学习，能够输出，并且有效输出才是深度学习。

在如今这个信息丰富多元的时代，深度学习尤其可贵，因为快速、简便、轻松获取大量知识的方式在带来便捷的同时，也深深损耗着我们深度学习的能力。最近听到一句话，"听过那么多道理依然过不好这一生"，因为浅层学习，海量碎片化的信息，会让我们陷入知识的诅咒，会让我们越学越迷茫。

我们无法选择所处的时代，相反，我们应感谢身处这个和平而开放的时代，那么，在这样的大环境下，如何才能有效地深度学习呢？

我的方法就是随时随地思考，把思考当成生活习惯。看综艺节目时，我会发现一些热点词汇，作为我们宣传推广时的点子；看电影时，我会想人物的性格为什么是这样的，故事反映了什么主题；跟我女儿一起追剧时，我会关注到她喜欢的流量明星为什么在这个时代、这些"00后"这么红，原来他们真的很优秀……持续思考能对生活细节的感知能力越来越强，生活中能留存下来的东西就会越来越多。

二、深度学习的方法

这么说可能比较抽象，我再推荐给大家三个小方法。

1. 即时记录

如今的生活节奏这么快，每天的时间像流水一般，一周一周转眼就过去了。如果不留心，不记录，那么一个月、一年，可能一点痕迹都没留下。

可能因为我是学文的，我一直有记录的习惯，我现在把朋友圈当成了记录的工具，每天看见什么想到什么，有感而发，马上记录。

关于即时记录，洪泰基金创始合伙人俞敏洪就做得特别好。他每年都会出几本书，很多人不理解，他那么忙，怎么每天还能写东西呢？

是的，他就是每天坚持写作，还都是自己亲自来写。他有一个"老俞闲话"的专栏，不管是看书，还是见了什么人，或是去哪里玩，吃了什么，去做个演讲，都及时记下来，然后这些内容就变成了一本一本的书。

他建立了一个持续学习、持续记录的习惯，从记录到分享，到成书，去影响更多的人。他是我的榜样,特别值得我学习。

2. 即时分享

这一点比即时记录容易一些,把自己看到的东西快速发出去,或者跟别人交流,或者转发出来,在分享的过程,就是强化输入和融会贯通的过程。

我在我的朋友圈经常会分享很多我看到的好文章,有些内容有可能还没看完,但是看到题目和作者我就觉得值得看,所以我就会在朋友圈里做推荐。久而久之,很多人喜欢每天看我的朋友圈,因为觉得质量很高。我通常不会只是转发一篇文章,转发的时候一定会加入自己的点评和推荐,这篇文章往往是让我有感触或者觉得真的好,我才会转发的,所以要重视自己分享的价值,这不仅仅代表了推荐的质量,其实一定程度也代表了你的个人水平、你的喜好和价值观。

3. 教是最好的学

我们经常遇到这种情况,自己看过的书,当别人问你这是一本什么书,讲了什么内容,你想要把书里的东西清晰地告诉别人的时候,你会发现非常难,明明心里想得很明白,怎么讲的时候就语无伦次了呢。

因为你没有完全理解书里的内容,想要讲清楚一本书,或者一件事,一个项目,你必须对它非常理解才行。

"教"就是这样一个过程,逼着你梳理逻辑,深度理解你想要表达的内容,转化成自己的知识体系,再用别人听得懂的语言或文字,传达给别人。这是一个知识转化的过程。

"教"最高的境界是用最简洁直白的话,让一个外行也能听懂你的意思。如果这样讲一本书,你会发现很久之后还能记得它的内容,而其他的书，可能睡一觉就忘了。

我喜欢培养学习型的团队，我们公司最近每周五下午有个固定环节，让大家轮流分享这周自己最大的收获，尽量能用简单的PPT或者文字的形式进行分享，这样在讲的时候不只是简单讲述，还会让你在准备过程中有深入整合和系统输出的能力。文章开始时提到的两个女孩，经过几个月这种锻炼，已经有了很大进步。

其实不仅工作中，在家里也是一样。

女儿和儿子分别学习了钢琴和围棋，但是坚持是一件非常不容易的事。于是，我这个妈妈就变成了他们的学生，我让女儿教我弹钢琴，并且承诺一个月一定学会一首曲子；我让儿子教我下围棋，告诉我他学到的知识点。这下他们劲头就来了。他们为了教我，每次上课明显认真了，水平也明显提高了不少。

教的过程是对学习的检验，也是让学习更系统化、逻辑化的途径。我女儿和儿子现在很习惯地讲一二三，经常跟我说，妈妈我跟你说三件事，一是什么，二是什么，三是什么，很有逻辑性。

所以我相信，从选择愿意当小老师的那一刻起，你已经变得和之前不一样了，你已经准备好了要来一场和之前不一样的学习。

划重点：

在如今这个信息丰富多元的时代，深度学习才是立身之本，保持及时思考、即时分享的学习方式，对关键要素进行判断和把握，建立各种观点之间的多元连接。不要只有输入，输出是更好的学习。

本章节的工具卡：

深度学习听起来很高深，练习起来并不难，核心还在于坚持。

1. 即时记录

准备一个小本子，有好的想法立刻记在上面，不要偷懒，无论几个字都可以记录。

在手机的录音器上建立一个文件夹，随时录下你当下的灵感和想法。

2. 即时分享

做到每天在朋友圈分享一篇你觉得不错的或者有趣的文章，并给这个分享加一段话，你为什么分享，它好在哪儿？

第三章　改变第三步：转换思维模式

他们以"佛系"自居，却和宗教关系不大，就是借"佛系"来代指看淡一切、凑合就好的生活态度。

不该"佛系"的时候别"佛系"

最近时常能听到"佛系"一词,仿佛一夜之间,身边一下多了很多"佛系青年"。他们以"佛系"自居,却和宗教关系不大,就是借"佛系"来代指看淡一切、凑合就好的生活态度。

对学生来说,"佛系"就是看淡成绩,看淡结果,考试"过了是缘,挂科是命"。对佛系员工来说,工作不推辞、不包揽,布置了就做,也不求更好和卓越,做完就好;没有布置就在旁边看着,自己干自己的事情,也不争也不抢,要求帮忙就帮忙,没要求就看着,不出大纰漏,也不想创造什么惊喜。这种态度让我有点惊讶,我们每个人的时间多么宝贵,这样的"佛系"不就是"得过且过"吗,这真的是当下年轻人喜欢的样子吗?如果是,我们还应该谈进取心吗?

一、你是真的"佛系"还是因为懒?

我发现有些人选择"佛系"不是因为真的要一种无欲无求的生活状态，而是在经历过一些事情后的自我放弃，或者干脆就是"我才懒得争，懒得比，争也没用，那就算了吧"。

每个人都在用力奔跑，但是有很多人即使奔跑也没有找到对的方向。他们通过海量的信息看到了很多同龄人取得成功，却不知道自己应该怎样成功，在对比中干脆放弃了自己，"我就是一个普通人，不可能成功的"，进而心安理得地颓废。他们害怕努力后的失败，害怕在进取中受伤，干脆用"佛系"的生活状态给自己找借口。

我曾经面试过一个小朋友，我问她你最大的优点是什么？她回答说，听话。我问她，能不能举个例子，什么叫听话？她说就是上级安排她去做的事情她就做，没有安排她做的就绝对不去添乱。我问她，那如果你身边的同事事情很多，你手边基本没事，你会不会主动去帮忙？她说，那不能，万一别人以为你想抢活就不好了，还影响同事感情。我又问她：你觉得你自己最大的不足是什么？她说没有什么不足的，就是可能工作中不太爱思考，不太爱主动和人沟通。我问她：为什么不思考，不沟通呢？她说：觉得自己脑子不行，嘴比较笨。我问她：你平常爱读书吗？喜欢做点什么事情？她说也不怎么看书，感觉工作一天也挺累的，回到家就是喜欢看看微信、抖音或者撸撸猫，一天好像就过去了。当我问她有没有问题问我时，她来了一句：公司会经常加班吗，我家离得有点远，最好能少加点班。我心想，你有班可加吗？！

我不知道现在这样的年轻人多不多，也不知道是不是真的有公司是喜欢这样以"听话"为荣的员工。我面试完就是一个感觉，这么个漂亮的孩子，这么好的年龄怎么能这样浪费时间呢？不思考、不学习、不沟通、不努力工作，这难道不是懒吗？不是混日子吗？这样自己怎么能够忍受呢？

如果这就是"佛系"，那我会觉得"佛系"就是那些不思进取，并以之给自己懒惰找的借口。不愿为了手头紧要的工作加班、不愿去亲手做一顿晚餐、懒得出去锻炼、懒得和他人沟通、懒得去读一本完整的书、懒得思考稍微复杂的问题、懒得为了把一件事情做好而去努力学习和实践……年纪轻轻就进入了一种养老的状态。

所以，我们的年轻人一定要分清什么是真正的"佛系"，什么是惰怠。

二、你为什么会变得"佛系"？

在工作中，很多年轻人总是在某段时间突然打满鸡血，然后在"三分钟热度"冷淡后选择放弃。我们见识到的世界比任何一代人都大，可是对自我的认知却还很浅。我们很难找到自己真正想要做的事情，最后活成了一副得过且过、面无表情的样子。

是什么让我们丧失了行动和思考的动能呢？

第一种可能就是老板太强，不能充分发挥员工的个人能力。老板把所有答案给到，替你做了所有的决定，那么员工只能成为执行的机器，肯定是没有动能可言。遇到这样的情况，你可以与老板沟通，建立一种只关注目标和结果的管理方式，让自己有足够的空间，同时积极主动地进行分阶段汇报，让老板充分信任。我相信大多数老板都希望自己员工是有自驱能力的，如果可以不管或少管，还能把握进程，达成结果，相信他们大都是高兴的。那些为掌控而掌控的老板还是少数的，如果遇到这样的老板，你可以选择离开。

第二种可能是个人没有明确的目标。任何工作一旦失去目标，就会迷失方向，进而沦为混日子。在选择一份工作前做好职业规划，在开始一项工作前，细分工作步骤并提取可提升点，在生活中为自己的兴趣买单……从迷失的状态中走出来，最好的办法就是坐下来，制定一个计划表，然后放手去做。不管这份计划表是为什么而做，有目标就是好事，让自己在一个有目标的路径上前行。

第三种可能就是你所处的环境和空间太小，接触的人与事都太少，你对这个世界的好奇心和参与感还没有被充分地调动。那么，每周或者每个阶段给自己建立一个发展计划吧，定期去找一些自己心目中优秀的人聊聊天，去外面的环境里走走，记下与过去不一样的发现和收获，去开始一些过去没有开始过的兴趣班或者与职业发展相关的职业考试，让自己的世界打开一些，每个阶段去探索一些未知，在更大的世界去探索一下，像乔布斯说的保持饥渴，保持笨拙，永远保持好奇，让自己走在前进的路上。

三、"佛系"让人进取而安然

我想聊一聊我对"佛系"的看法，我认为"佛系"应该是一种置身事外的更高境界的生活哲学——尽人事，听自己内在的声音、打破内在的各种束缚，自由地创造。

所谓"尽人事"，关键是"尽"，即朝着既定的目标尽自己所有的努力，做到所能做到的一切，把可能的做到最好，而这，恰恰与懒惰是截然相反的。中国最成功的企业华为强调"狼性文化"，就是让员工要有全部的工作热情和积极进取的工作态度，全然地投入，不仅完成自己的目标，还要全力以赴完成团队的目标。一项任务确定了，就要想尽各种方法去完成它，甚至是超额完成。我在这两年经常听到一个词，叫作"ALL IN"，我理解就是全心全意、全情全力地投入，全然地沉浸以期做到最好。如果是选择创业的话，不能 ALL IN，得过且过，或者 80% 的投入度都不可能有好的结果，只能 ALL IN。ALL IN 就是尽人事。

就像马云，人人都羡慕马云，人人都想成为马云，却很少有人知道他吃过的苦，走过的路。马云信佛，应该算是典型的"佛系"人士，但是在马云身边的人却评价他是超级乐观主义者，在任何问题面前都毫不畏惧，有问题着手解决它就好了。

在创业阶段，他每天只睡三个小时，亲力亲为查找数据、分析数据；他用三天看了几十万字的资料，逼迫自己成为一个懂行的行家；他坐大巴车去谈项目争取客户，在卧铺上发邮件，车上的乘客几乎都已睡去；他在阖家团圆的日子里，独自在异乡为一个订单努力。

他说："当你不去旅行，不去冒险，不去拼一份奖学金，不过没试过的生活，整天挂着 QQ，刷着微博，逛着淘宝，玩着网游，干着我 80 岁都能做的事，你要青春干吗？"

还有苹果的创始人乔布斯也是一个地道的"佛系青年"，他一直是一个佛教信徒，多年坚持打坐、吃素、禅修、冥想。在年轻时候他是一个叛逆的、内心充满不安全感的青年，但是从成为"佛系青年"之后，他开始寻找真正的内在的自由、寻找无边的初心。他发现，每个人的优势和成功都是人生修行的一部分，而每个阻碍、问题也都在帮助定义修行的内涵。

即便当年被赶出自己创办的苹果公司，他总结起来也是让自我变得更好的部分：作为一个成功者的极乐感觉被作为一个创业者的轻松感觉所重新代替，对任何事情都不那么特别看重。这让我觉得如此自由，进入了我生命中最有创造力的一个阶段。

后来，乔布斯在他风靡全世界的斯坦福大学毕业典礼演讲上，引用多年前他在一本杂志上看到的一句话，告诫学子们"stay hungry, stay foolish"，这两句话我认为是对"佛系青年"最好的诠释，始终饥渴，始终笨拙，对未来始终充满好奇，让自己足够自由，始终好奇，让有限的生命有无限的能量和可能，去追求、去创造世界上的美好和丰盛。

乔布斯经常会让自己打坐、冥想，这样的状态会让他内在隐藏的自觉力和洞察力充分地展现出来，让内心不断涌现更大的动力和热情，也会让他超过大多数人更好地换位到用户身上，建立用户的同理心和共情，听到用户内在真正的需求。

有一个小故事，当他和沃兹在研制苹果二代电脑时，长期习惯于静坐冥想的他发现计算机中的风扇让人心神不宁，直觉告诉他，用户不会喜欢自己的桌子上噪音不断。为了找到替代电源，避免因电源散热而不得不装个风扇，乔布斯找到了一个阿塔里公司的人，最终设计出一种复杂的但容易冷却的电池。

乔布斯说"活着就为改变世界"，马云说"让天下没有难做的生意"，他们的使命无比广大，他们对世界带来的创造也无比广大。在我心目中，他们都是"佛系青年"的代表，追求初心，追求真正的"大业"，倾听内在的声音，超过常人地去感受外界的变化和可能的趋势，狂热而执着地相信未来他们心目中的那个愿景，并且始终积极地去推动。

有人会问，为什么我做了很多努力还是没法成功？所以"佛系"还有一点是当自己努力之后还能坦然面对结果，无怨无悔，只有这样你才不会后悔，会勇往直前。

我们要守住自己的本心，不被外界喧嚣所充斥。静下心来认真做一件事，乐观而积极地去面对每一件事，努力过、认真过，就值得为自己骄傲。世界绚烂多彩，我自努力绽放。尽力或许不会收到好结果，但是不去"尽人事"，你连一个丰盛的人生都可能白白虚度了，所以，不要再用"佛系"给自己美好的人生找任何不努力的借口了！

四、别在不该"佛系"的年纪"佛系"

毛姆说："若是你的快乐感不再那么强烈，那么你的痛苦也一样不再那么揪心。"如果爱也爱得不痛快，恨也恨得不刻骨，有一些感兴趣的东西，但谈不上热爱，做着一份差不多的工作，勉强将就着从来没有争取过，没有全力以赴地尝试过，当你到达人生最后一秒时，是不是会有所遗憾？

长大是一件残酷的事，从炽热生猛慢慢被生活捶得沉默无趣，人的精神也会变得萎靡，人们往往意识到需要改变些什么，却不知道怎么迈出那一步。

如果此时你找不到方向，那就等风来，相信风总会为你而来，但你一定要准备好，才能在风来的时候飞起来。

你要记得你学过的每一样东西，你遭受的每一次挫折，都会在你一生中的某个时候派上用场，学着珍惜这些积蓄力量的日子。不用着急，也不必羡慕他人拥有的，但千万别停下脚步。

划重点：

年轻人首先要分清什么是真正的"佛系"，它不是懒惰，而是听自己内在的声音、打破内在各种束缚，自由地创造。

本章节的工具卡：

连续 7 天，每天拿出 10 分钟，进行一个"佛系"的体验：

1. 盘腿、闭眼，进行 5 次深呼吸，什么也不必想。

2. 写下三个今天要全力以赴完成的"小目标"，前提是你确认你可以完成，然后无论如何把它完成。

1）_____

2）_____

3）_____

从我不行到我行

在谈到人的内心困扰时,丘吉尔是这样形容的:内心的忧郁就像只"黑狗",一有机会就咬住我不放。

其实每个人心中都住着这样一只黑狗,有时凶猛,有时温和。当你在面对机会时,正想要大展拳脚时,它突然咬住你,不让你前行,甚至还告诉你:你不行。莫名的自卑、迷茫与否定,让你不知所措,不敢上前一步,只能默默地退回原地,接受"我不行"的结果。

难道你真的不行吗?其实这只是你心中的一道坎,一旦跨过去,一切都会好起来。

一、一次尝试所带来的思考

公司有一个女孩,她各项表现都不错,就是不爱说话。每次让她表达的时候,她就特别害羞,站在那里半天不说话,团队氛围顿时会变得有点尴尬。但是她能将文件和资料整理得特别好，心思也很细腻，我能放心地将工作交给她。

在我眼里，她表现出来的缺点是可以改善的。考虑到她的发展，我试着找一些事情让她独自去做。比如要做一次培训，我就会跟她说，你能不能上去开个场？她会站在那里半天不说话，眼巴巴地等着我上去。培训结束的时候，我让她做一个总结，她还是不敢上台，总说自己还没准备好，下次吧。

其实她跟了我两年多，听了我很多课程，可她依然很怯场，不敢表现。有时候我就想，她到底擅长做什么，不擅长做什么。我给她的标签是内向，适合做文字工作，不适合与人沟通，缺少系统的思维能力，不能独立完成一件事。这是她给我的印象。

但是几个月前，她打破了给我的刻板印象。那次我要去青岛讲课，安排她先去青岛，第二天早上我再坐飞机过去。不巧的是，我的航班延期起飞，我赶不上那次讲课了。现场所有学员都到了，就等着开课了。实在没办法，我就跟她电话沟通："你参加了这么多次课，你就带着大家热热身，互相认识一下，找两个简单的工具给大家讲一讲，带着大家练一练。"

这个任务对她的挑战很大，因为她从来没有做过，可是只有她一个人在那边，只能交给她来做。她没有其他的选择，不能上也要上。说实话，我当时心里也没底，和她电话讲完，她没说行或不行，只说"我想想"。

过了一会儿，她打电话来问我，能不能把上次我开场给大家看的视频链接给她，她可以让大家看会儿视频。

这就是一个很好的开始，因为她主动思考这个事情怎样去解决。我给她的任务是最少要设计两个小时的内容，她选择了一个不需要她说太多话，但同样可以产生效果的互动方式。

虽然主办方后来把那次课程挪到了下午，但是我对她的印象完全不同了。原来她不敢尝试的事，现在敢试了。看来把人逼到一定的程度，就能去担当。

不仅如此，我还发现这件事给了她极大的信心，很多事情她都敢去尝试了。从青岛返回的时候我们需要整理一个协议，还在飞机上她就开始做，一边做一边和我核对，下飞机之前，协议就整理完了。

那次我们从青岛回来时，已经很晚了，但是还有两件事情必须在当天完成，一件是现场的报道；还有一件是对主办方的感谢，要进行一个收尾。当天晚上她就把这两件事情出色地完成了。就连她之前从来没有碰过的公众号，也独自完成一篇图文并茂的文章并进行排版发送，比我想得还周到。对于从来没有做过的事，她用自己的思考和方式，积极地完成了，让我很惊喜。

其实她这个年龄段是非常关键的时期，如果逼自己一把，可能会带来意想不到的改变。她有能力承担，只是缺少一些勇气，那次终于敢于跳出舒适区，也找到属于自己的乐趣。

后来我问她，愿不愿意做班主任？她使劲点头，她有调动大家热情的积极性，也找到了自己的热情。拓宽边界后，她感受到了尝试的乐趣，不断建立起自信，从我不行转向我行。

二、跨出第一步的自我暗示

其实很多人是想要尝试的，可是惯性思维没有给他足够的自信。每个人的内心都住着一只黑狗，在潜意识里觉得"我不行"。你一定要反向思考，如果我行是因为什么？如果我能做得和我想象的一样好是因为什么？

不断地突破自我设限。

比如你要在公众面前做一番演讲，你一直说我不行，那肯定不行，你如果只是一味地照着自己写的文稿念，语气、情感和互动都难免缺失。这时候不如告诉自己：我可以，我是最棒的，我就是那个轰动全场、无与伦比的演说家。我不仅有好的故事，还有好的语气、情感和互动，我创造了感人的开场，也创造了让所有人激动不已的结尾。

你会发现你已经开始把目光从自己身上、从文稿上拔出来，放到现场，放到那些倾听者身上，在思考如何打动他们。你正在让听的人觉得，你对你讲述的事情深信不疑，你全身上下都散发着吸引力和感染力。

这，就是自我暗示的力量。

每个人都应该经常性地进行积极正向的自我暗示练习。我不行，那么我能行是因为什么。就眼前这件事情而言，把我行的理由罗列出来，第一是什么，第二是什么，第三是什么，等等。给自己充足的理由和坚定的信念。就像我们公司的那个姑娘，她觉得自己能行，是因为她对内容很熟悉，因为她有现有的视频，因为她还能进行实时的沟通，获得外界帮助。所以，她能行。

三、跨越内心的"两只小鬼"

其实每个人都或多或少住着一些"小鬼"，比如下面的这两种：

1."我不行"。

应对方法：如果我行是因为什么。

"我不行"是内归因的心智模式。主要表现为自卑,做事没有自信,在心里自我否定。或者是我的能力不行、性格不行、学历不行、家境不行,等等,千错万错都是我的错,总之我就是做不到啊。

很多女性都有自卑的心理,因为自卑不敢尝试,而在原地止步不前。自卑带来的影响是巨大的,它能吞噬所有的积极性,宁可逃避也不愿意去尝试。有时候,明明心里很想做一件事,刚冒出这样的念头,内心就自我否认了。

因此,建立自信非常重要,相信自己能行,多给自己正面的暗示,而不是负面的打击。

这时候最重要的就是反转思维,化消极为积极,"如果我行是因为什么"!

2."他不行"。

应对方法:如果他行是因为你做了什么呢。

"他不行"是一种外归因的典型模式,主要在语言上体现为"都是他,他不好""都是环境不好""都是给的资源不够""都是 XX 的错",总之全世界都有错,反正不是我的错。

这样的情况也非常普遍,主要体现在他,从而不会主动去看自己的问题,不承担责任,所有问题完全变成别人的问题。

比如在工作中不行,是因为老板不行,很多东西没有想清楚;招来的人也不行,没有一个人真心支持;丈夫也不行,他钱赚得太少了;孩子也不行,每天不停地吵闹,根本没办法做事。

这种推卸责任的心理,让"我不行"成为一种正常的思维,而且是为自己的不行找到了绝好的理由,那么将来仍然是"不行"。

一旦你推卸责任，相当于把主动权交到了别人手上，自己的格局在无形中变小了。因为你从来没有想过自己成为主导力，自己去克服眼前的困难，更没有承担责任的勇气和能力。

那么如何克服呢？最好的方法就是进行思维转变，说他不行，那么如果他行是因为我做了什么呢。所有的事情操之在我，而不是在他人身上。假如我行，是因为我能力出众，一切都在由我来掌控，而不是归因别人。每个人都只能掌控自己，没有办法掌控别人，但是可以通过自己的行为来影响他人。

比如老板能行，是因为我给予他的支持，出色地完成了他所分配的工作；同事能行，是因为我们进行过良好的沟通，在细节上达成了共识；丈夫和孩子能行，是因为我经常夸他们，帮他们建立了信息和勇气，再无后顾之忧。

这时，你就会发现，原来一切都变得不再一样。

当你真正去做自己的时候，从自己身上考虑别人，身边的人似乎一下子都变得非常厉害了。这就是思维转变所带来的改变。

划重点：

每个人的内心都住着一只黑狗，在潜意识里觉得"我不行"或"他不行"。我们一定要学会反向思考，跨越内心的"两个小鬼"，终会产生不一样的成就感。

本章节的工具卡：

当你发现你的心里也住着这样的"两个小鬼",不要觉得惊讶,这是大多数人都会存在的"人性",让我们一起,通过刻意练习来进行反转吧:

1. 当你发现,"我做_____不行"

问问自己:如果我做_____是 OK 的,那是因为什么呢?写下来 3 条原因。

_____、_____、_____

2. 当你总是想抱怨他人,"都是他不好,因为他_____"

问问自己:如果他是 OK 的,他很好,那是因为我做了什么,给了他支持和帮助?写下来你可以去做的 3 件事。

_____、_____、_____

放手不管的勇气

前段时间我在上海开千人大课时发生了一件事：我分享的部分结束后，有区域的学员被主持人宣布上台与我合影。这是我事先不知道的环节，于是我很惊讶地说："我事先不知道啊，不用了吧，谢谢！"课程结束后，负责项目的人批评了我，说我不配合他的工作，即使没有提前跟我讲，但是已经放手让他做的事，我就应该配合他，我在现场说不知道就是质疑他。

我很纳闷，就问他是怎么回事。

他告诉我：我们安排你与听课的企业家合影，因为他们都是要发展成代理商的，但是你没有很好的配合，这些企业家以为你不赞同，就会有些担心。

事实上，与企业家合影是我不知道的环节，我觉得无论安排什么环节，至少得提前告诉我一声，到底有几个人，是一起合影，还是分别合影，目的是什么。还有，明明学员是买产品的人，怎么就变成了合伙人，这个体系没和大家讲清楚。于是我产生了抵触心理，在台上表现得并不自然，产生了一些不好的影响。

他又向我诉苦：如果提前告诉你了，那不还是要经过你的同意吗？你肯定觉得我们很多事情没想清楚，你就不能完全放心地让我们去做。

这是一个很真实的反馈。因为我之前表过态，这个项目完全丢给他们去做，我只是上台讲课，分享一下经验，让我做什么我就做什么。可是到了现场之后，我发现有一些不认同的地方我还是没办法将就，那就不是真正的放手不管了。

后来，听完他们的表达，我好好反省了一下，从中体会到一点：真正放手不管一件事情，很需要勇气。即便是你承诺过的事情，和你价值观产生偏离的时候仍然会忍不住出手。如果我当时告诉他们，你们放心去做，不会出太大的问题，即使出现了问题，我来解决就行了；或者很明确告知，哪类问题必须提前经过我把关。那么，结果可能就完全不一样了。

可见，"不管"是需要胆量和勇气的。

一、不批评也不表扬

有一本书叫《不管教的勇气》，里面分享了一些教育孩子的方法和观点，我觉得非常有意思。家长对孩子最好的管就是放手不管，任由孩子自己去发展。家长的不管主要体现在沟通上，要做到不批评也不表扬。

我们常说中国人对孩子的表扬太少了，应该多表扬多激励孩子。孩子做了好事，拿了好成绩，就应该表扬，好的孩子是夸出来的。在职场中同理，如果下属在工作中表现不错，取得了一定的成绩，也应该获得表扬，因为下属也是夸出来的。可是，在这本书里提出来，表扬并不是真的好。

每个人都要成为一个拥有独立人格的人，身为家长、领导，你要让他能够真正拥有自己的思想，分析自己的行为对错。一旦你表扬他们，就相当于表达了你的评判。这种评判是建立在对他人的影响上，而不是建立在自我的影响上。

同样的，你也要尽量减少批评。因为批评和表扬一样，也是一种评判。你批评他，就告诉了他对与错，将自己的判断加在了他的身上。

既不能批评，也不能表扬，那么应该怎样去沟通呢？其实最好的办法就是建立平等的沟通。教育孩子时，要像朋友一样平等沟通，和他聊具体的事情、聊自己的观点、聊自己对事情的看法等，然后让他自己判断对错。

对同事也是一样，一定不能将你的结论直接给他，而是平等地跟他沟通，就事论事，让他自己做判断。

不批评也不表扬，平等对话，只做他的朋友、陪伴者、赋能者，就能做到不管。

二、给别人犯错的空间

实际上，每个人对于身边发生的事都有自己的观点，包括做事的步骤和心得。经验主义告诉我们，将这些步骤和心得告诉他们，会让他们少走弯路，少犯错误。这是我们的善意。因为不是想管，而是想帮助，告诉对方一些专业性的意见。

但这只是个人的判断，并不一定全是对的。

不管在家庭还是职场中，比直接插手更重要的，是思考如何帮助对方形成独立性。最好的办法就是让他自己去做,给他犯错的机会。人只有在错误中才会成长。犯错之后,让他自己承担相应的结果。

如果你讲了很多,最后结果并不尽如人意,那就是你的责任,而不是他的责任。虽然事情是他执行的,但是你却干预得太多了。

无论教育孩子,还是对待员工,一定要转变观念。当你把自己的经验、观点告诉他时,相当于间接剥夺了他承担责任的权利,以及在犯错中学习的机会。

当然了,让员工或孩子犯错的同时,要搞清楚对方的道德底线和能力边界。在能力确认的范围内,在符合道德标准的范围内,你完全可以放手让他尝试,在错误中成长,让他有独立自主的行动能力,这样的错误反而容易让他有更大的动力去纠偏,自己找到正确的路。但反之,一犯错就批评,那么他的内心除了惧怕尝试,慢慢地还会发展出极度依赖,放弃个体思考和行动的意愿。这个对于孩子、对于员工都是非常糟糕的结果。

所以,要给别人犯错的空间,哪怕明知道是会犯错的事,只要结果不严重,也要试着放手不管,让他们在错误中学习,在不断挫折和不断失败中强健心智,逐步走向成功。

三、给予绝对的信任

女儿一直很想养一只猫,为此她买了很多书,看了很多养猫的"秘籍"。她有几个同学家里有猫,因此她经常放学后跑到同学家里撸猫,回来后嘴里叽叽喳喳谈论的都是猫的事。前几天,正好一位朋友家里的英短生了6只小猫,我就想买来一只给女儿,但是我先生是一个非常反感宠物的人,觉得我平常忙得都没时间带孩子,又怎么可能养好猫。我说女儿喜欢，女儿会养好的。

前几天，趁着放假，我又带女儿去朋友家看小猫，女儿一下就爱不释手，在回家的车上就开始给同行的弟弟讲解怎么养猫，还和弟弟分工：你负责和猫玩，我负责养猫。

女儿兴奋之余又开始担心地问："妈妈，我们怎么说服爸爸同意呢？我现在六年级，爸爸肯定会担心我养猫会耽误学习的。"

我笑着问她："你觉得会耽误学习吗？"

女儿很坚决地说："不会，绝对不会，只会让我学习更好，我已经做好准备了。"

我也特别相信，我女儿准备好了，所以我会和她一起说服我先生。

有时候，面对你的家人、同事，甚至自己，如果他为此已经做了充分的准备，充满了热情，那么你要做的就是全然的信任。

同事其实也一样，每个人都有自己的判断，在他工作范围内的事让他自己拿主意就行了。除非是他实在解决不了的事情，你再来管也不迟。

夫妻的相处之道也是如此，每个人都有自己的行为方式和习惯，即使天天在一起也应该保持彼此的特点，保持信任。如果彼此管得太多，让双方都没有自己的空间，那么矛盾就会接踵而来。

所以，当你认可这个人，他在某个方面有足够的热情和意愿，你要做的只是两个字：相信！

四、支持与赋能

对于企业而言，企业里每个人之间互为同事，也互相赋能。我一直相信，在未来上下属的层级关系会越来越模糊，大家只是经验、分工和职责的不同,在职业关系上都是平行的,相互合作、相互联盟和赋能。员工可能是执行者,但是执行者和领导者一样都有非常重要的意义。如果没有执行,只有思想,企业根本无法运转。所以,人与人之间不是管控,而是一种赋能和联盟。

我们在工作中与同事沟通时,一定要让他觉得你不是在管他,而是一种支持和赋能。如今的职场中,有一种能力越发显得重要,那就是建立平行沟通和平行管理的能力。

同事之间讨论事情时,你有你的观点,我有我的观点,平等沟通才能畅所欲言,发挥各自所长,而不是压制。每个人都应该有清晰的职责和分工,彼此尊重这样的分工和职责,这是很重要的前提。

而且设定的角色要尽量符合这个人的经验值和能力值,否则角色和能力偏差太大,又要求他拿出足够有说服力的方案和行动,那结果一定不尽如人意。比如一位刚毕业的大学生,你让他做一个助理,那你可以放手,让他自己去学习和摸索,在获得小成就的过程中,不断给他新的挑战,不断通过赋能让他快速成长。但如果一上来就让一个毕业生负责一个大项目,承担他完全不了解的目标,那样就会有过大的风险。

五、管与不管如何做到平衡?

如果把一个项目交到某个员工手里,那么这个员工就是对应的项目负责人,他起到统领的作用,对自己的每一步都应该有计划,做到全面掌控。如果他将任务分解下来,交给团队的人,那么分解的部分只要一个结果就好了,至于过程怎么样不是他应该负责的。但他无论管还是不管,都应该有清晰的目标,并对应清晰的结果。比如他让团队的人去谈业务,不管达成与否,结果都应该由他负责。

很多人会用管的善意去绑架别人的能力，觉得我管你是爱你，是帮你，没想到却阻碍了他独立的思维能力和行为能力。

就像前面我说的那个故事，我对项目负责人已经说了不管，就应该配合到底。至于在现场出现了问题，我可以事后和他一起复盘，而不是现场把责任抛出来。尽管合影环节我事先不了解，但是我应该信任他、配合他。但是当时在台上，我没有忍住，最后还是管了，这让同事感受到了不被信任。

所以，完全不管需要很大的勇气，有时候真的不是想管，而是不敢不管。这种心态就是矛盾的，有些错误对方真的可以承担，你必须懂得放手，放心交给他去做，换回来的就一定是成长。

人的行动能力与担当能力，绝对不是管出来的，而是在不管中建立起来的。

划重点：

真正放手不管一件事情，很需要勇气。要做到不批评也不表扬；给别人犯错的空间；给予绝对的信任；企业中，同事之间没有所谓的上下级关系，大家只有分工和职责，大家互相支持，也互相赋能。

本章节的工具卡：

我们尝试一下把表扬、批评和平等沟通三种方式区别出来。

哪些是表扬的语言：

比如：你就是最棒的、你最牛，还有哪些是你最喜欢用的表扬。
————————————————————

哪些是批评的语言：

比如：你不对、你做的太差了、你又是这个糟糕的态度……

还有哪些是你最喜欢用的批评 _____

哪些是建立平等沟通的方式：

比如：我觉得你很棒，因为你在……方面做的几件事，让我感受到温暖和细腻，我想和你分享你带给我的感受。（这不是评判的表扬，而是平等沟通你带给我的感受）

比如：对于这个事情，你怎么看？这很有趣，你能告诉我为什么你会这么想？

还有哪些你可以想到的平等沟通，既不表扬也不批评，像朋友一样交流。
————————————————————

思维模式比行动更重要

人能够赢往往不是因为你的行动，而是因为你的思维模式。

一张海报的启示

最近我经常拿我们公司一个设计工作的例子，来跟大家讲究竟应该如何工作。过节日每个公司都会做个关于公司的海报，然后发到朋友圈里。有些人的海报做的着实不错，有些完全就是朋友圈里的眼球垃圾。我们同事在过节那天也不例外，早早做了一张海报，海报上不知从哪里找来一张大图，上面几个字"XX 节日快乐"，加上一个 LOGO 就让全员开始转发。

我发微信问他，你觉得什么样的海报比较好看，他没有回答我。我干脆从朋友圈保存了一堆当天其他公司的海报，让他选出他觉得好看的海报，然后让他排一排自己设计的海报是不是属于好看的。他说不算。

我又问他哪个海报是你想保存和转发的？他选出了 3 张。我问他你为什么想转发？他回答，因为上面写的文字非常打动他，用节日表达了一种态度和精神，也是他自己喜欢的态度。

我继续问他，如果海报让人产生了兴趣，它会产生什么连锁反应？他回答，想知道是谁做的，这家公司怎么样？所以，我说如果底下加一个二维码怎么样，可以让海报从平面变成立体的，让人走进做海报的公司，了解有态度的海报后面是怎样的公司。

所以，一张海报不仅仅是一张海报，而是一个获客的入口，让大家因为好看、设计的独特而看到你，因为上面的文字传递的态度而认同你，产生共情，建立链接，再通过二维码导流看到更多的内容，进而关注你。如果你的海报足够打动人心，形成了精神认同和情感共鸣，就有可能通过二维码导流到你的产品销售网页，让看到海报的人直接下单。

这就是一种思维模式：我为什么要做一张海报，一张海报到底有什么价值？创投圈特别喜欢说的一句话是：与其更好，不如不同，那么你的不同到底是什么？在这样的思维模式之下，才能让你摆脱行为上的千篇一律、为做而做。

在这张海报后面，你做了是行为，但是如果没有产生任何效果，变成朋友圈里的眼球垃圾，不仅不能给公司增值，反而还可能让品牌产生负面影响：这家公司的审美不行，做事太粗，没有目标感。一个没有特点的内容强迫同事传播，同事心里没有认同，反而对此也有负面情绪。

所以，有了行为未必就有好的结果。如果你能认真对比，做出好看的、独特的海报，这说明设计师具备专业的设计能力，让人至少有美的体验；但是如果让海报成为一个入口，成为营销和获客的手段，它就有了更深层次的价值和对人性的洞察，那就是你的思维模式。

做正确的事而不是简单的事

行为是思维模式的延伸，到行为这一步已经是表层的呈现。行为千差万别，思维模式却是决定我们事倍功半还是事半功倍。

我们公司有个员工叫小 H，她负责做 AA 的创投生态。我们的生态包括创业者、投资人、头部企业、媒体、政府院校等，我们有 50 多个社群，需要有生态的信息和定期化的内容。于是，我让她定期搜集一些有用的信息分享到社群里，及时发布我们相关导师、创业者的新消息，同时在生态之间及时了解他们的需求，帮助他们建立互助联系。结果她做的第一版方案十分糟糕，不加选择地照抄了别人家的简讯，对于创投圈私募还是公募的概念都没有分清楚，做创投的突然给大发了一堆二级市场的公募信息。发之后，也没有跟大家说为什么要发，只是前面加上了公司生态简讯。

我看过之后很生气，我问她知不知道什么是公募和私募，她摇头。我又问她知不知道发这些讯息的目的，她又摇头。

很多人其实都是这种做事方式，完全不加思考，也没有掌握做事的方法，只是盲目地按照领导的要求做事，不去想为什么做，做什么和怎么做这件事，最后告诉你，"我就是按照你要求的去做啊，反正我做了，满不满意是你的问题"。这样的员工可能做了 100 件简单的事，却没有把一件事情真正做正确。

一个人的思维模式一旦固化就很难改变，所以我们需要不断觉察自己的思维惯性，不断去打破它，让自己的思维模式也有不断成长和升级的可能。

升级你的思维模式

有时候,我们明明已经很努力地想做出改变,却没有收到预期的效果,内心就像陷入了一个迷宫,迷茫而焦虑。这就像推磨的驴子,因为被蒙住了眼睛,所以它不停地一圈一圈地拉着磨。它感觉自己一直在往前走,不断进步不断成长,但事实上,它一直在原地打转。

爱因斯坦曾说,这个层次的问题,很难靠这个层次的思考来解决。

所以升级你的思维模式,也许可以从思考问题的逻辑层次来进行。过去我们总是习惯看到我们能够看到的部分,比如环境、行为,而忽视了其他,而其他部分却恰恰对事情能否成功起到决定作用。

这样的逻辑层次,包括六个维度:

1. 最底层的思维是环境

我们在哪里,和谁在一起,环境好还是坏,有什么没什么。

环境层面的思考,包括对所有来自身体周遭相关事物的感知,比如:人、事、物、地点、金钱等,环境往往是显性的,你能看到,大家也都能看到。

2. 第二层是行动层面

行动层面指的是做了什么,采取了什么行为,这也是显性的,每天我们都要采取很多行为,有些是本能,有些是惯性,有些则来自思维的选择。

3. 第三层是能力层面

能力层面,你做事是因为你具备了相应的能力,你做得越完美,你相应的能力就越强，我们说人剑合一，往往在说这个人的专业能力已经达到出神入化的境界，是这个领域绝对的高手。日本强调的"匠人"也代表了一种在刻意练习、反复练习下超强的专业能力。那个"匠"就是能力的象征，能力代表了做事的水准和效率。

能力再往上开始从显性进入隐形，也就是我们的思维系统，这个部分才决定了我们做事的意义和价值。

4. 第四层是价值观层面

价值观，其实就是我们内心的一套信念拼图，对我们来说什么是最重要的，我选择做或不做的理由是什么，我秉持的做人做事原则是什么？因为有用，因为客户至上，因为追求卓越，还是因为总是期望超出期望的给予……价值观指引了我们的原则，也为我们团结一群人一起做事建立了共同的信念和准则，它让我们找到共有的标签。如果小 H 能够从我们倡导的价值观角度来做事，坚持用户导向，比如至少要清楚你的用户是谁，做什么才是他们想要的，怎么样做一个真正有效有用的生态信息，把这些先弄明白再去做，应该比去听取表面意思、照抄一个简讯要有价值的多。

5. 第五层是身份层面

身份，不仅体现你的思维模式，还体现你的个体追求，你想成为一个什么样的人呢？做事的高低会让你如何评价自己？

比如刚才那张海报的故事，做一张千篇一律的海报，作为设计师的你怎么定义自己？而做出一个让大家过目不忘，甚至念念不忘、收藏保存的海报，作为设计师的你又将如何定义自己？

所有人对你的定义，都不如你在内心对自己身份的追求和定义。所

以，如果当你从这样一个层面去思考问题时，也许所有的行为都会成为作品，所有的作品都首先让你自己感到骄傲。而你，也一定会成为一个自驱、而优秀的个体。

6. 第六层是使命层面

身份再往上还有吗？还有一层叫作使命和愿景，就是你的担当和社会责任，你希望对这个社会带来什么改变，希望对世界、对人类带来什么价值。无论是更美好、更丰盛，还是更有效，拥有使命和愿景的人，他的行为往往来自他的格局和远见。这样的人，我把他们定义为"改变者"，他们是拥有改变精神和改变动力的人。对于像小 H 和海报哥，可不可以有格局，有使命和愿景？当然可以有，公司有，个人也可以有，而一个人能不能让自己和他人快速区别开，短期靠能力，长期则靠你的使命、愿景和格局。

在这个逻辑层次中，下三层我们考虑了"是什么""怎么做""做到什么程度"，而上三层则是考虑"为什么做"这件事，做这件事到底对谁有价值，怎样才是正确的做法。上三层的思维系统会影响下三层的显性选择，一旦能够提升自己的思维逻辑层次，你的行为和能力就会得到极大的加速，你所处的环境也会变得更加明朗而有序。

正所谓磨刀不误砍柴工，做每一件事之前先问问自己：

为什么要做这件事？ 如果做成是因为什么？ 如果做成会给这个世界带来什么不同？ 如果做成了，你会与之前的你有何种不同的体验呢？那时的你又会如何评价今天的你呢？

如果以上答案都是肯定的，你就可以大胆行为，即使输了，这个过程也不会令你自己感到后悔。

划重点：

行为是思维模式的延伸，有时候做出了及时的行动，因为思维模式不对，导致事倍功半。所以如何建立一套有效的思维模式比快速行动更重要。

所有人对你的定义，都不如你在内心对自己身份的追求和定义。

本章节的工具卡：

工具1，做一个5W1H的反复练习，凡事都问自己这样五个问题：

在哪里（WHERE），和谁（WHO），做什么（WHAT），为什么（WHY），何时开始和何时完成（WHEN），怎么做（HOW）。

工具2，做一个关于自己个人使命和价值观的探索。

如果你真的成为那个你最喜欢的人，那是一个什么样的人呢？

这个过程如同登山，第一个过程因为你做对了什么？

第二个过程因为你做对了什么？

最难的时候，你坚持了什么样的信念和原则？

当你真的成为那样一个人时，你会怎么评价自己的改变？

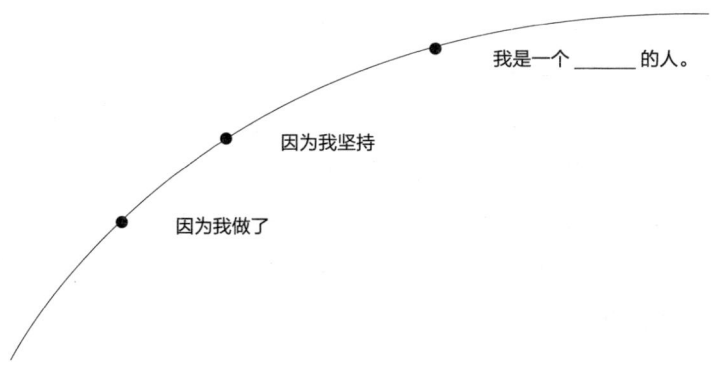

人工智能时代，如何不被取代

2016 年围棋界世界冠军获得者韩国的李世石与 Deep Mind 公司研制的一个能够深度学习的围棋程序 AlphaGo 进行比赛，这场比赛举世瞩目，因为它代表了人类智慧和人工智能之间的较量。

赛前连开发 AlphaGo 的公司 Deep Mind 都不知道人工智能深度学习到底有多强大，而在比赛中，AlphaGo 展示了令人意想不到的高水准，有一些招数甚至跨越了以往所有人类围棋高手的棋术，成为革命性的操作。这场比赛最终李世石 4 败 1 胜，机器让围棋冠军黯然失色，也让全世界开始认真思考 AI 的出现，人工智能会不会超越甚至压制人类智慧？

在 2017 年中国乌镇又有一次围棋较量，AlphaGo2.0 和当时世界排名第一的中国围棋天才棋手柯洁的较量，最后柯洁以 3 盘皆输告负。柯洁说"我认为它是'围棋之神'"。好几次柯洁觉得自己要赢了，可能因为过度兴奋，反而走错了几步棋，这大概就是人类棋手和机器相比最薄弱（也可能是最不可替代）的地方：情绪化和开放边界带来的变化性。

那么和人类相比，通过大数据和深度学习不断演进的人工智能是否会超越数据存储有限、容易被情绪随时影响行动的人类智慧？

今天这个时代我们不能不认真思考科技带来的影响，尤其是人工智能对这个社会，对我们所处的这个时代，还有我们每个人，可能会带来什么样的冲击和改变。

我们应该如何自立和自处，才能和人工智能快速发展的环境进行有效的链接，在这个数字化和智能化快速发展的时代还能够成为主导者和掌控者。

一、人工智能正在改变什么

去年到科大讯飞去参观，看到展示厅里，美国总统特朗普正在电视里播报今日新闻，大家都很好奇，引导员告诉我们，这就是 AI 主持人，通过图形和语音识别分析了特朗普大量的语音数据，最后轻而易举就合成了一个"特朗普"做新闻主播的电视节目。除了偶尔有一点卡壳，你完成感觉不到这是一个机器形象在电视上，AI 主持人已经替代了真人主播的作用。

我们今天驾车出行，随时随地都要打开地图，而地图中你可以选择各个明星来给你进行路况播报，可以是百度创始人李彦宏的声音，也可以是文艺女神汤唯的声音，还可以是中国台湾美女林志玲的声音，里面甚至可以加入一些语言，让导航都有了情绪，比如汤唯的导航就引用了冯唐的诗句，文艺而感性。

在我投资的项目中，有多个是在用人工智能颠覆专业人士的工作，其中有做智能投顾的，就是用机器学习取代金融分析师的工作，通过大量的大数据分析和模拟投资，帮助投资人进行更加精准的投资分析和决策,大大降低投资风险。有做智能法律的,大部分已经标准化的法律问题、基本的法律法规由智能法律顾问线上就可以回答,只有个性化的问题才用到真人顾问,这样就解决了普通人雇佣法律顾问价格高昂,还不知道有什么用的问题,让法律法规可以更好地普及,同时无论是有问题者还是法律顾问在效率上都得到极大地提高。

最近国内在线教育有了质的突破,一个以提供题库起家的创业公司猿辅导,一举获得22亿美元融资,估值超过155亿美金,接近于国内知名教育公司新东方的一半。原因在于这家公司的背景不是用讲师课程来主导教学质量,而是用大数据和人工智能算法来进行教与学的精准匹配,你练习得越多,你越知道自己该怎么学,基于每个学生的学习轨迹和学习画像,老师知道怎么教,学生知道怎么学。这就是人工智能带给教育的本质性的改变,如何进行精准匹配,让每个学生收到的教育都是个性化、精准而高效的,他把教育从在线教育推到了智能教育的高度。

再看看国内移动互联网的新贵字节跳动,从今日头条开始,有大量的门户网站进行堵截,但是无一不失败,再到推出音乐短视频抖音,腾讯举全力进行围堵,仍然失败,今天字节跳动尚未上市,估值已经达到1000亿美金,直逼腾讯、阿里。它的背后不在于内容,也不在于社交,而是科技带来的精准推送,你看的都是你喜欢的,你越喜欢可以获得的就越多,深度学习和智能算法颠覆了以往公司中心化的信息推送模式,而形成了以每个个体为中心的信息服务精准匹配。

还有无人驾驶,必然是未来一个巨大的行业,汽车将根据视觉、距离传感器的感应输入,深度学习和边缘技术,以及智能化联网的大数据集体智能,让汽车无人驾驶甚至比真人驾驶还要更安全和更稳定。

大数据、深度学习和人工智能的广泛应用，将大大促进社会生产力的发展，让各行各业效率得到极大提升。我们需要适应这样的变化，因为人工智能，所有的服务都会更加精准和高效，所有的企业都将转变成以数据和智能化为内核的精准服务主体，无论产品还是商业，都会基于数据来进行快速迭代和升级。而每个人在不久的将来，都将习惯家庭中智能物联网，个人的所有数据被不同的厂商捕捉并分析，进而提供你真正想要的产品和服务；都将习惯家庭中有几个机器人的声音，或者干脆就是机器人在你身边跟你对话，为你服务，成为你越来越依赖的助手、伙伴和朋友。

二、如何把握人工智能时代

在未来，人工智能（机器人）可能代替很多工作，比如助理的工作，机器人整理文字肯定比大部分人都要做得好。机器人还可以帮你进行投资分析，做投资模拟决策，因为它是用大数据来计算，比投资人的经验更精准。机器人还可以进行远程诊疗，它会比任何一个门诊医生经验都丰富，因为它的诊疗结果是通过上百万诊疗方案得出的结果。机器人可以做律师，它拥有的法律案例最多，从中可以找出最合理的处理方法。机器人还可以做教师，比如写作文可以通过分析以往高分作文的结构，以此来培训学生该怎么写，把每一个架构步骤化，帮助学生获得高分……

这么多工作人工智能都可以比人做得更好，那么，人还能做些什么呢？是不是有一天人类智能会被人工智能全面打败呢？

这是最好的时代，也是最坏的时代。

在吴军的《智能时代》这本书中就讲了这样一个道理，未来的世界是属于能够掌控机器人的少部分人类，只占整体的 2%，而剩下的 98% 将被机器掌控。那么这 2%，他们为什么能够驾驭机器呢？就是改变过去机械思维，过去的机械思维认为一切都可以通过规律来去总结和实践的，强调确定性和因果关系，而今天智能时代，强调的是变化，世界是不断变化的，不确定性才是常态，所以，必须运用大数据、智能化的方式，通过信息的关联性来不断减少不确定性，来把握世界变化的特点。今天这个时代要建立新的思维系统，不是依赖于固定的规律和必然的因果关系，而是通过数据和信息去抓取关联性，最后形成自己对于外界变化的判断，进而快速反应。

人工智能发展对人类思维模式是一种巨大的颠覆和突破。过去人们总是在追求确定性，在寻找规律并且严格遵循规律办事，而今天，最大的颠覆在于人类的思维能不能适应变化，适应失控，同时掌控数据和数据关联关系来进行分析和决策，在变化中把握变化，建立动态管理的思维系统和行为系统。

就像 AlphaGo 打败李世石，是否人类就再也无法超越机器，被机器打败了呢？不是！我们必须看到，尽管机器人可以学习人类的所有知识，而人类同样可以借助机器学习的能力来进行自我训练和突破，过去也许用 10 年才能积累的经验和能力，在机器学习的帮助下，也许用 1—2 年就可以达到甚至超越。因为机器学习的不断发展，人类的智慧也可以站在机器智能发展的基础上不断提升，比如我们说的在线教育、在线诊疗等，教师可以通过机器海量的数据来给学生一个有针对性的精准而生动的辅导方案。医生可以基于机器上海量的诊疗方案和风险评测信息，快速解决一个自己过去从未接触过的病症。教师、医生在机器的辅助下可以消除经验主义的风险，同时又可以保持人与人之间的情感表达，诸如关心、鼓励、安慰、激发等，而这些则是人类所特有，机器是很难去表达和传递的。所以，用好人工智能，理性地把握人工智能可以为我们带来什么赋能和升级，我们就可能应用好 AI，成为更强大的人类。

在人工智能时代，深度学习是机器智能化自主发展的最核心能力，也是人类最难以掌控的部分，因为它们的学习速度远超过我们对他们的预期和理解。而对于我们每个人也一样，今天，应对人工智能发展的时代，我们需要不断强化我们自身的 3 种能力：

1. 学习"怎样学习"的能力

这里特别要强调的是学习如何学习，而不是学习能力本身，就像过去我们说学校里的学霸，往往在走入社会后就会变得刻板和僵化，反而不如学渣更会工作和生活，其根本在于他们擅长学习固定的科目、固定的答案、固定的答题方式，却不擅长学习变化，所以，"如何学习"是一种动态的成长能力。

今天我们不是要去做学霸，而是去做一个懂得学习的人，换言之，要学习的不是标准答案，而是方法和底层逻辑，怎么学习才能应对同一类变化、持续获胜，怎样学习才能在不同的环境下也获得同样优异的成果，所以，学习"怎样学习"的能力，聚焦于学习本身，而不是答案本身。对待人工智能一样，去理性地看待人工智能的利与弊，它们发展中的无界与边界；去学习如何和 AI 共舞，如何用好 AI，而不仅是学习 AI 是什么。

2. 终身学习的能力和习惯

围绕在我们身边的碎片化信息、数据、知识会越来越多，每天都会有新的事物发生，很多都是我们过去未曾经历、甚至从未想见的内容。

即使你是个超级预言家,也不可能完全预测下一个趋势是什么。

比如对于我这样一个大学学中文的人来说,进入到企业界就每天在学习,学习如何对抗自己的感性脑和情绪脑,如何用职业化的思维来沟通和行动;后来创办 AA 加速进入到创投圈,更是一个与时俱进,天天和趋势、和未来打交道的圈子,又要把过去已经习惯的职业化思维和固有的操作系统全部打破,重新认识一个全新的行业。创投是一个始终和未来在一起的行业,今天讲移动互联网、社交营销,明天就是人工智能、物联网,后天又是 OMO(线上融合线下)、生物医疗等,你稍有一刻不学习,就可能不知道创业者跟你讲的是什么,你就无法建立与之对等的沟通和对话。而随着消费主力军的变化,你还需要跟上时代,跟上年轻人,知道他们到底讲的是什么意思,喜欢什么、讨厌什么,为什么?只能你去跟上他们,而不可能让他们迁就于你,所以你只能不断学习,勤奋学习,才能防止不被淘汰,不会 OUT。

国内顶尖的私募基金君联资本是一家以系统化分析和赋能型投资为核心的专业机构,他的董事长朱立南曾经是我的老领导,他曾经有一句话:学习是一种生活方式。我深以为然。智能化时代,我们更是需要活到老、学到老。

3. 反脆弱的应对能力

《反脆弱》一书中告诉我们脆弱的反面不是刚强,而是反脆弱。刚强往往是最容易折断的,而反脆弱则是一种灵活应变的柔性能力,面对一个越来越不确定的、碎片化的信息年代,你需要的就是灵活应变,不仅有好的智商,还有好的情商,能够乐观地面对挑战、面对失败,并且将失败变成走向成功的一种常态化生活。唯有如此,才能战胜失败对于人性带来的挫折感和焦虑感,从而更好地掌控自己的情感和情绪,进而更好地把握这个时代和时代下的各种变量。

三、人工智能终究无法代替的部分

事实上，尽管人工智能的发展十分迅速，它们能展现超强的学习能力和决策能力，也能够在标准作业上比人类做得更高效，但是有些东西是始终不能被替代的，比如艺术、情感、文学、审美等。当科学技术越发达，人们对人文的渴求，对于情感、对于生活、对于生命的思考和追求也会越来越多。

那么有没有机器学不会的东西呢？有！

比如你到底喜不喜欢一首歌？这就是一个主观性的判断，正如一千个人就有一千个哈姆莱特，因为人的主观审美不同，所产生的理解自然也不相同。机器人用数据说有一百人喜欢这首歌，但是你还是不喜欢，它无法帮你下判断，机器人说按照过去你听歌的数据，90%的概率你也会喜欢这首民谣，但是恰恰你听多了民谣，这个时候你想来一点激越的音乐，机器无法把握你当下的变化。

现在的机器人可以演奏各种各样的乐器，而且弹奏得非常好。我在清华人工智能产业园就看到一个机器人民乐队，由古筝、琵琶、笛子等组成的，马上就要在清华的年会上表演节目。你看连乐队都机器人化了，普通人所拥有的是十个手指，但这个机器人乐手可以拥有二十个手指，让乐谱有了更完整、全面的表达。

尽管如此，你听机器人演奏和现场听乐团演奏，感觉仍然不同，乐团演奏，你不仅可以听到美妙的乐章，你还可以看到表情，看到演奏者身体和面部的沉浸和喜悦，这样的沉浸和喜悦也会带着你进一步沉浸，有超越音乐的更大的乐趣。

人的艺术性和人的情感表达散发着人性的美和光芒，也只有人与人之间才能领会和共情，这是任何机器都无法替代的。

比如国内语音识别做得最好的企业科大讯飞，一直希望能够建立方言翻译，因为中国的方言太多，到了一个省就如同到了一个国家。可是方言的识别似乎比语言识别更难，因为各地的方言有太多有区域特色的俚语，就是在不同场合针对不同的人可以随机地表达，表达的情绪不一样语义也不同，所以这个事情会让机器人更像人，但是确实非常艰难，因为基于个性化表达的方言总是和场景在一起，想要标准化识别确实太难了。人工智能可以实现语音识别，但是真的要做到基于不同人不同场景不同时刻的语义识别，还是非常困难。

四、相信人类思考的魅力与可掌控的未来

事实上，当我们在谈论人工智能的时候，我们不仅在聊技术的发展，还有人类自身思考力和应变力的发展和演进。在过去的十几年中我逐步建立了自己的思考逻辑，比如对于人工智能，我会先思考人工智能到底是什么？它的出现和发展到底会对我们的生活造成什么影响？背后支撑它落地和普及的基本要素是什么？然后寻找相关书籍来求证观点，再与人工智能领域的专家们进行交流，交流的过程必须带着自己的观点去讨论，带着问题去求证，不仅仅只是求解，而是求证与对话，哪怕有观点不一致，进行辩论也会推进我们对一件事物更深层的理解和判断。

而这样的过程会让自己具备独立思考和深度思考的能力，不容易被外界左右，在技术发展的环境下也能够充分感受到自我的价值与技术的关系。

所以，我也特别推荐每个人，尤其是在智能时代到来之际，强化自己的思考能力和逻辑系统。人只有经过思考，求证，优化，再求证的过程，才能形成自己的思维体系。当你能够形成自己强大的思维体系时，无论人工智能如何发展，你也能够客观地思考，客观地看待技术的发展，客观地运用技术和科学为我们所用。

所以，未来的年轻人一定要能够面对人工智能时代的到来。未来已来，在过去我们说农业时代，然后是工业时代，接着是信息时代，而今天的未来，未来的今天一定是智能时代和数据时代，最大的特点就是数据驱动决策、数据驱动学习，产业数字化、产业智能化，而我们每个人的生活都会充斥着不同程度的机器智能。

再过 10 年，我们的孩子将和一大堆机器人在一起，身边的同事都是机器人，机器人总动员所描述的场景不再是电影，而是现实。作为新时代的年代人，你必须清楚你的价值究竟在哪里，如何去与机器人抢工作，或者说不用抢工作，而是有明确的分工，你做更智慧更灵动的部分，机器做更标准更高效的部分。

当机器人越来越多时，有哪些工作是绝对无法被替代的？这是我们每个人都需要认真思考和学习的。

现在越来越多的孩子开始学习编程，在不久的将来编程会成为一种素质教育。只有每一个人拥有改变程序的能力，让机器人在该休息时休息，该工作时工作，才能随时随地对机器人实现精准的掌控。

只有充分发挥和演进人的逻辑思考能力和人文表达能力，才能在未来站稳脚跟。为此，必须拥有长远的打算和计划，终身学习，保持必要的警觉性。

划重点：

人工智能，是最好的时代，也是最坏的时代。我们要学习"怎样学习"的能力，养成终身学习的习惯，反脆弱的应对能力提升，成为时代的掌控者。

人的艺术性和人的情感表达散发着人性的美和光芒，也只有人与人之间才能领会和共情，这是任何机器都无法替代的。

本章节的工具卡：

学习"怎样学习"，根本在于学习优秀的学习方法，而不是学习一个案例、一个答案、一个结果，你最近如果有看到你身边非常优秀的人或者企业，你可以试着去拆解一下他"为什么"。

1. 这是一个什么样的人或者企业？
2. 他最优秀和最差异的地方在哪里？
3. 他取得优秀的关键路径和方法是什么？
4. 哪些方法是自己可以借鉴和学习的，怎么运用？

比执行力更强大的,是闭环思维

两个大学生毕业同时进入一家公司,两人的能力不相上下,但是小张很快得到了晋升的机会,而小陈仍然在原地止步不前。小陈很纳闷,相同的起点为什么会让结果产生如此巨大的反差?

小陈是这样工作的:领导交给他的工作,他很仔细地完成之后,便没有了下文。当领导问起他时,他才跟领导汇报工作。

小张是这样工作的:高效完成领导交给他的工作,及时向领导反馈工作完成的结果,继续领取新的工作任务。在相同的工作时间内,小张做了更多的事,但是小陈仅仅只做了一部分事情。

这里面就包含着一个重要的思维模式:闭环思维。

什么是闭环思维?

任何事情都有起点和终点。闭环思维就是从起点到终点,再回到起点上,将这个过程变成一个循环,可以反复进行下去。

澳大利亚心理学家奥腾在 2019 年做过这样一个实验。

他找到两批人，一批人长期坚持健身，另一批人则没有健身习惯。每周内，他们都会去到一个房间，盯着屏幕上不断移动的小方块。不仅如此，旁边的房间还会播放综艺节目。如果实验者分心，那么他们的成绩就会下降。经过几月的跟踪，坚持健身的人成绩越来越高，而那些没有健身的人几乎没什么提升。

在实验中产生了正向的思维逻辑，具体来说就是：锻炼——专注力得到提高——精力更旺盛——锻炼。如此循环下去，就形成了一个闭环，这个闭环强大到任何阻力，无论是否有综艺节目，都不会影响它的自行运转和往复运转。

在闭环思维上，第一点就是要形成自运转。

在工作中我们说最常见的"PDCA 循环"就是典型的自运转闭环体系：计划——行动——检查——调整，完成这个过程后，调整的结果再进入下一次的计划、行动、检查、调整，再进行下一个 PDCA 循环。这四个方面不是一次性的，而是不断地进行着，不断地循环下去。因而能持续改变你的思维习惯和行为习惯，让你可以更好地工作，更好地发展和提升。

P(Plan)：即计划，明确目标；

D(Do)：即执行，实现目标的具体操作；

C(Check)：即检查，完成目标后进行总结，确定完成效果，找出存在的问题；

A(Act)：即处理，对检查的结果进行处理，好的地方保持，不好的地方避免。

职场中总是会有这样的情景，某项工作你交代给一个员工，进行到一段时间时，员工突然就没有下文了，你不问他也不主动汇报，你问他情况怎么样，他就会有各种理由和借口说还在进行中，可是就是没有结果。这就是没有闭环思维的体现，在职场中闭环思维必须做到：凡事有反馈，凡事有交代，凡事有结果，凡事有总结。

PDCA 的闭环思维不是一次性的行为模式，而是持续不断的思维过程，每一个环节都可以形成自身内部的小闭环，比如计划的环节，也可以有"计划"的计划、计划成稿、计划沟通反馈、计划调整、计划迭代这样的闭环过程，这个过程会让计划变得更加精准和高效，也会完成目标和计划精益化，同样行动、检查、调整也都是一个个小闭环，每个小闭环推动了整个闭环的高质量进行，前一个闭环又是下一个闭环思维的开始。

闭环思维的第二点，强调的是"闭合"，或者叫作完成。

就是当你开始一个任务或者一项工作之后，你是否真的将它完成。这个任务在你这里有明确的开始点、明确的目标、明确的结束点、明确的完成结果和状态。就像画一个圆一样，只有把两头的两个点连接上才叫一个完整的闭环，任何一个地方出现了断点，这个圆形都没有闭合上。

当老板交代一项工作后，员工在处理工作时，会出现几种不同的情况：

第一种是老板分配给你任务，你去做了，但是不管结果好坏，老板从你这里也迟迟拿不到结果，因为你仅仅只是做，没有完成的概念，没有形成任务的闭环。

第二种是老板分配给你任务，你去做了，并按照老板的要求拿出了老板要求的结果,把结果及时跟老板进行反馈,从老板那里确认是否正确,也从而获得更多的指导和帮助。

第三种是老板分配给你任务,你去做了,但在做之前,你会做这样的步骤:

1. 和老板确认了目标和双方对于目标的理解。

2. 你拿到目标后,把大目标分解成了几个小目标,以确保最终目标的达成。

3. 在每个小目标完成的时候跟老板汇报,听取反馈,寻求帮助,确认下一个小目标是否正确,在完成目标过程中,让老板从小目标的达成可以预见到大目标的可能性和可行性。

4. 在项目结束时,你建立了完整的总结报告,和老板沟通整个过程中的得失,客观地分析了优点和不足,并且提出了未来做同类型项目的改进建议。

因为充分而适度的沟通、反馈,老板和你建立起深厚的信任和紧密的连接关系,老板相信你的工作风格和做事方式,所以今后大小事情,老板都愿意交给你负责。

以上三类人,反映了你会成为一个普通的员工,还是成为一个优秀的员工。显而易见,第二种和第三种建立了完整的闭环思维,而第三种在结束的时候已经建立了深度的信任,必然导致新的、更丰富的开始,这样的员工一定会在职业发展中快速成长并且不断能够担起重任。

我们在职场中,总是会遇到大量第一种员工,不理解去做事和做成事的区别,只是为做而做,却始终没有培养起来独立成事的能力,感受不到"完成"给组织和个人带来的意义。

闭环思维的第三点，是开启下一次，让循环继续。

我曾经举过一个例子，每次过节时，我都会要求设计师做海报，但是海报的制作并没有形成闭环。比如我问他为什么要做海报，他的答案是：如果不做会被领导骂。难道这就是做海报的目的？！

肯定不是的，一张简单的海报，要形成闭环思维会拥有好几个层次：

1. 给别人传递信息。比如做国庆节的海报，大家都在讲国庆快乐，可是没有人记住，因为千篇一律。如果你的设计的海报非常精美，或许还会让人看几眼，留下一点印象。但是这种海报无法形成闭环。

2. 让用户愿意转发。在海报上除了国庆快乐之外，还有一个价值主张，"为改变而生"，价值主张引起用户的共鸣，觉得这张海报代表了我的情感，愿意转发。

3. 形成参与感。仅仅愿意转发还不行，一定要让用户参与进来。比如用户可以自己生成一张海报，把自己的照片与海报的内容结合起来，只要一转就变成了自己的东西。这样的参与感能让用户拥有不一样的体验，觉得"这是我的"。

4. 把用户留下来。在必要的位置加上公司的标志，比如二维码，通过扫码跟祖国母亲问好，而且是限时免费，用工具把用户的数据留下来。如果不能留下用户，那么海报永远局限在平面，只有信息，产生不了下一步的价值。

5. 让用户产生裂变。用户留下来之后，还要想办法让用户产生裂变，比如人脉影响力排行榜。每一个用户都能帮你带来更多的关注和更多的用户。

这样，海报的设计才会形成闭环，产生应有的价值。海报变成了一个入口，每一个看到海报的人又都是入口。让平面化的纸张变得立体，让人们把这张纸变成一个入口，而二维码则是进入的一个钥匙，当你从二维码进入，就是开启下一次。这就是闭环思维的一个典型体现，这个例子实质上就是商业上我们说的获客的路径，用闭环思维的设立让循环继续，让传递继续，让交易继续，让每个用户都可以帮你开启下一个用户，每一个使用都是下一次的开启。今天我们看到微信的成功便是如此，通过朋友圈的分享和转发，把这种成就感传递给下一个人，下一个人再传递给下一个人求关注，社交链条就形成了。

对于商业来说，不止于获客，其实每个环节都需要闭环思维来开启下一次，即便是定一个方向，也未必就是永远不变的，在这个时代也有多次调整的可能，也可以通过要反复试验，基于数据、基于场景的分析去开启下一次更接近于正确的决策。因为这个世界是动态变化的、你的用户以及需求也是动态变化的，所以你的方向制定过程也会是不断循环上升的过程，慢慢地，你的选择能力会变得越来越科学，也越来越精准。如果没有闭环思维，不能开启下一次，不能进入循环上升的过程，你面临的只有选择失败的沮丧。

而在商业中，做一个产品的过程，更是需要小步快跑、快速迭代，用最小成本做出原型来去试验，每一次验证的结果都是下一次产品版本迭代的开始，没有最好，只有不断更好，最终达到超越用户需求、实现极致化的用户体验。

任何时候，一定要及时形成反馈。反馈的过程就是总结和递进的过程，只有及时反馈才能开启下一次。如果你不反馈，而直接去做第二次，那么就无法形成闭环，而是一个平行关系，没有认知和试验的连贯性。那么即便你做再多次，继续往下做，仍然可能不断走错方向。

做下一次，而不是做第二次，这就是闭环思维和平行思维最大的差异点。

我常说创业创新是科学实证学，只有在不断的试验、反复试错中才能逐步走向成功。所以，我才花了近五年的时间，打造了一套帮助创业创新者进行实战和迭代管理的《创业加速八布法》，这正是帮助每个人建立闭环思维的实操工具，这会在我的下一本书里专门来讲。

闭环思维的第四点，要掌握"复盘"的基本方法。

当一件事情开始之后，要做到什么样才算有成果？

你应当设立目标。当一件事情结束之时，是否和目标匹配，或者存在差距？这时你要进行复盘。复盘的目的就是将事情的发展状况与目标进行对比，实现了什么，没有实现什么，中间存在着什么样的原因，如果再做一遍会怎么样，会不会更好。

复盘的理念来自围棋，棋手下完一盘棋总是要把棋子重新归位，看看之前整个下棋的过程自己怎么下，对方怎么下，当时为什么会这么下，如果重新下有没有更好棋着。当复盘的理念被放到企业或者个人的自我成长上，就可以帮助企业或者个人建立更加完整的闭环思维。

复盘能让行为变得更加精准，让结果不断趋近于目标，是自我总结和深化的好方法。

复盘里最核心的环节有四个：目标回顾、差距比较、总结规律、建立行动。

1. 目标回顾

你需要一开始就有明确的目标，所以当过程结束之后，你才可以用结果去比对目标，进行复盘，否则没有目标就没有比对的标准。在目标回顾中，可以多方面分解，有商业目标、收入目标，也可以有客户和用户增长目标，还可以有个人学习和成长，以及家庭和睦的目标。回顾中，要客观体现达成的部分,也要客观体现未达成的部分。两方面都非常重要,不能只总结未达成的部分。

2. 差距比较

它是针对目标,达成部分,或者超越目标的部分有多少,为什么能够达成,或者为什么能够超越。好的要比较,总结分析出原因;未达成部分差距多少,为什么没有达成,同样需要有原因。原因既要有主观的,从自身找问题,也要有客观原因,外界发生了什么变化,那些支持未及时满足等。

3. 总结规律

通过以上的分析,必须总结出可固化的方法或者流程,让做得好的部分得到巩固,让做得不好的部分通过方法可以进行优化。

4. 形成行动

总结完规律之后,需要建立行动计划,这就是闭环思维第三点讲的,进入下一步。复盘起于行动,结束还是行动,这样才能形成循环上升,有连贯性地提升。在行动中,有三类行动:开始做,继续做,停止做。

比如老师交代你画圆,你画完圆之后,要把画好的圆交给老师,从老师那里获得反馈信息,所画的圆是不是老师想要的,如果老师说不是,你就需要去记下差距,越精细越好,哪个部分还不错可以巩固,哪个部分需要调整,偏离的度数是多少,然后总结规律,怎么样才能画好一个圆,用什么做对标,或者用什么工具来画是最有效的。接下来,写下画画的心得,以后画画不能再如何,要开始如何,之前做得哪些好的地方要继续,哪些不好的地方要调整。如果没有这样的复盘思维,第100次画圆和第一次画将没有什么区别。

我女儿每次考完试,老师总要让家长签字,签字的目的是保证家长要看到孩子的成绩。事实上，这里如果让孩子用复盘方法论做总结一定会比让家长签字要更好。让孩子掌握复盘的方法可以帮助她知道如何学习，这远比被家长监督学习更加有效。

比如这次考了 97 分，得了 97 分好在哪儿，如何巩固？还有 3 分错在哪里？下次如何避免同样的错误？到底有没有针对事情进行透彻的分析，已经掌握的知识点在哪里，需要继续巩固的知识有哪些？

复盘的思维会帮助孩子学会如何思考，如何学习，如何自我反思和自我精进。

闭环思维不仅体现着你的个人素养和思考能力，同时培养优秀的沟通能力和团队合作能力。所以，让闭环思维成为自己的习惯，无论做什么事情，都要做到有始有终，会让你获得更多的信任和尊重。

划重点：

闭环思维就是从起点到终点，然后再回到起点上。工作中常见的"PDCA 循环"就是典型的自运转闭环体系，这是一个是周而复始的过程。我们要形成闭环思维，让习惯的力量带我们前行。

本章节的工具卡：

每天晚上跟自己做一个复盘的练习。

目标回顾：

我今天计划完成什么？（不要超过 3 件事）

差距比较：

  实际上完成了 _____

  未完成 _____

总结规律：

  _____

改进行动：

  开始做 _____（不要超过 3 件事）

  继续做 _____（和当日未完成的部分连续）

  停止做 _____（没有意义的，阻碍你完成重要目标的行动）

敢质疑，才能有创新

对于当下的生活，每个人都有自己的看法，无论喜欢也好，习惯也罢，最终还是要学会适应。尤其当我们身边碎片化的信息越来越多时，需要不断自我提升才能找到属于自己的那条路。

周围的一切都在调整着、发展着，新的东西、新的思想不断涌现出来，要更好地实现自己的目标，我们必须好好正视当下：现在的生活是不是我想要的？我将来要去到哪里？我还能做什么？

人生新的起点是从质疑开始的。

一、创新是从质疑开始的

当人生处于平衡状态时，如果没有外界的干扰，是很难找到出口的。定性思维带来的是稳定，无法产生创新。当你敢于质疑时，一切将变得越来越有意义。

有些时候，你所看到的，所听到的，所相信的，并不一定就是正确的。质疑就是从身边的事情开始的，事情的过程与结果是否正确，并不是由外界来决定的。就算它是合理的，也需要经过自身缜密的思考之后，才能确定它的合理性。思考的过程，就是质疑和证伪的过程，所以在科学领域，只有经过证伪的观点才能称之为真理。

这里面有三个层面的意思：
1. 事情发生的过程和结果，与人观察到的不同。

因为人的大脑会自动忽略很多信息，主动为你选择那些你愿意相信的信息。比如每天经历的事情有很多，但是并非每一件事情你都能记住。你愿意相信的信息并不一定是真实的信息，你需要质疑，才能判断它们的准确性。

2. 质疑需要你站在不同的角度思考问题，而不是单一的角度。

平常我们看问题时，总是从自身的角度来思考，得到的结果往往是片面的。不全面的结果并不是真正的结果，只有当你从更多的方面去考虑问题，才能获得真正想要的答案。其背后的逻辑，也是通过质疑来确定的。

3. 任何事情，只要是对的，那么它必然经得起质疑。

如果是无法质疑的事情，那么它肯定就是不完善的，肯定存在着漏洞。证伪的过程就是思考能力和分析能力的整合结果，意味着经历过深入的思考才做出的判断。

质疑的产生必然是复杂的，其内里有着深层的哲学思维。但是它并不是凭空产生，而是真正能帮助人看到事情的本质，更好地认识自我，保持客观冷静的思维，突破现状，获得创新的精神。所以，我们要保持用怀疑的态度来看一切事物，不要偏听偏信，也不要仅仅只是通过五感来获得信息，而是通过思考来获取信息。

环境对人的影响是巨大的，它能让人陷入固性的思维中无法自拔。当人的认知固定下来，不肯接受新的东西时，不愿意去质疑时，那么他的创新力就会慢慢消失。

创新往往是从敢于质疑开始的，敢于相信，也敢于怀疑，才能突破精神的桎梏，走向浩瀚的星空。

二、质疑是基于信任的挑战

1. 好奇地问

带着好奇心看这个世界。眼中所看到的，耳朵所听到的，并不一定会告诉你真相。俗话说眼睛是会骗人的，只有用心才能看到本质。所以要好奇地问，事情的真相究竟是什么？他成功的原因是什么？他为什么会失败？通过这种方式，你能更透彻地看清这件事，对事情的判断会更加准确。

当你在一件事情上加入了自己的思考之后，它就会慢慢转化成你自己的东西，成为你思想的一部分，帮助你更好地理解。

2. 质询地问

你要懂得怀疑，再确定的事情，也要去怀疑。比如通过这种方式，真的能成功吗？在整个过程中，会不会存在风险？当你用质询的眼光去看问题时，你就会看得比别人要深，而不是仅仅浮于表面。质疑的前提是思考，思考之后才会形成疑问。

前段时间我遇到过一件事，女儿在做阅读时，给几个句子排序，按自己的想法对句子进行了新的排序，结果做错了，分数意外地低。老师要求家长签字，我认真看完女儿的试卷，觉得她排得比标准答案更有意思，我就问女儿：我觉得你没错啊，你为什么不把自己的想法告诉老师，问问老师是不是可以呢？女儿听完我的提法非常吃惊，大声且不耐烦地说：老师说的是标准答案啊，我就是错了，这有什么好问的？这个对话让我很震惊，因为女儿居然完全放弃自己质疑的权利，甚至放弃答案可以是多元的思考，这样的教育将会把我们的孩子带往哪里呢？没有思辨？没有好奇？只有服从和标准化？

我一直认为，教育带给孩子的是思考方式，突破常规的想象，而不是一个标准答案。显然有质疑、有思辨的学习方式要比学校的答案更有意思，更能启发人。

有思考，才会有提问，才会产生互动，才会有相互吸收，才能形成真正意义的平等。

大学刚毕业时，我进入到联想公司做联想管理学院的班主任，正好有机会跟着柳总（柳传志）进行联想文化的提炼，记录过往的历史和老故事。那时我才 22 岁，大概是在大学一直担任校园记者，所以遇到不懂的问题我就忍不住提问。柳总是一位待人随和的人，他不仅耐心地给我解答，还给我提建议：你喜欢提问这件事非常好，说明你爱思考。但是有一点你需要注意，就是当你势能没有到的时候，你最好先按老板的想法来做，把他的要求做到位，他后面一定有他的道理；等你的势能达到了，那时你就可以按自己的想法来做。正因如此，我明白了一个道理：你想要做好一件事，必须清楚地知道自己的势能，要蓄势待发、审时度势。

如果我没有提问，没有质疑，那么我就不会收获这样的忠告。

3. 问有力量的问题

什么是有力量的问题,就是对方会沉默、会思考、会感动、会滔滔不绝、会因为你的问题而找到了他自己的答案。提问代表着你的深度和你对探究真相的态度,即什么才是真正的真相。我之所以喜欢新鲜的东西,与我当年做记者有关。那时我的目标是成为中国的法拉奇,她曾经被称为20世纪最伟大、最勇敢的记者。她从小就具有超越常人的好奇心,她告诉我一个道理:不管面对什么样的人,都要直指中心,对应重点,你所提的问题应该有目标,有质量和深度。

表面上是犀利的提问,背后是最充分的资料准备,而本质是建立对等的姿态、独立的人格和保持善良的感同身受。"平等""独立""保持善良"这几个词对我来说充满了魅力,也是我做人上坚持的信念。

在大学做记者团团长时,经常要采访学校的院士、成功的校友,每次采访所提的问题都要有足够的深度,所以我会列很多提纲。对方是一个什么样的人,喜欢什么不喜欢什么,我要怎么提问,怎样有礼貌地质疑,怎样能捕捉到他从没说过的话题,如何才能深入到事情的本质当中,让对方愿意跟你交流。只有让对方想说,并且说出他基本不说又最想说的话,才是成功的记者。

任何时候你要努力不让自己陷入被动,你要敢于直面问题,当对方回答你的问题时,你要快速抓住对方的重点,继续加深问题,问下去,直到问题的本质,甚至唤起他自己都没有意识到的根源和情感。

质疑精神就是抓住问题的根本,不断地思考与反问,直到深入到事情的本质。有人说质疑就是得罪人,不信任人,会让自己在这个社会变得没有情商,没有朋友。我想说的是,保持质疑,却不是批判和指责。质疑精神不是强调一种怀疑的态度,你所质疑的是事情本身,而不是真的怀疑这个人,你要体恤人情,要有同理心,在交谈中要让对方相信你公允的出发点，与你建立良好的互动。所以，质疑是基于信任的一种挑战，是共同探究事情本质的一种思维模式。它让你们共同寻找那些没有被注意到的问题，一起寻找答案。

三、质疑是为了获得自我提升

对于权威，你要敢于质疑。权威不一定就是对的，成功的人不可能永远成功，成功的方法未必适合于每一个人，你要敢于提出疑问。质疑权威并不是挑战权威，而是在质疑的过程中找到适合自己的方法。

所有的质疑都是为了得到更好的答案，为你的行为提供深层的指导。你可以质疑你的上司，但是你要让上司明白，你质疑他并不是否认他，而是为了解决问题，或者找到一个更好的方式方法创造价值，是为了把事情做得更好。

当你敢于质疑权威的时候，你会在这个基础上获得新的观点或新的想法，完善你的见解，提升你的行为。这就是质疑权威所产生的价值，它是具备创新性的。

你还要敢于质疑身边的人，甚至是那些与你走得很近的人。很多时候，人因为面子，对于身边的人所提出的问题，不敢怀疑。但是人总是需要一些突破，这些突破就来自是于相互观点和认知的碰撞。只有不断地碰撞才能产生新的思维，才能有新的东西出现。

不仅如此，你还要敢于质疑自己。你所思考的就一定正确吗？你所擅长的事情，这一次也一定能完成吗？这些都是不确定的，当你觉得你所认为的就是对的时候，就会对事情产生巨大的认知偏差，你会下意识地通过这种偏见来看待问题，于是就会忽视事情的本质。

人最难做到的就是质疑自己。

质疑自己是自我反思的过程，帮助你打破思维惯性。你需要思考，这究竟是你的问题，还是他的问题。人最好的成长就是自我反思，不是迎合他人。

当然，过于质疑自我是非常危险的。当你天天生活在自我否认之中时，你的情绪会越来越差，到最后肯定会崩溃掉，因为你总是在自我怀疑，没有信心做好事情。你要清楚的是，在质疑自己的过程中，是为了寻找到真相，是对未来更好的一种探究，今天到底我做得对不对，接下来再去做的话会怎么样？要如何更好地跟领导或下属进行沟通，如果沟通的话，要提供什么样的建议。其实质疑自己的过程，就是自我反思和总结的过程，把它当作探索而非否定。就如曾子所言：吾日三省吾身。省，就是自省，让自己更好地看清自己。

所有的质疑都是为了提升，而不仅仅只是停留在当下。当你停留在当下时，质疑就会变成郁结，产生负面情绪。人最怕的就是负面情绪，会带来致命的伤害。

曾经有一个朋友跟我说过这样一句话：人可以断交，但是不可以结怨。比如你与同事不再来往，但是千万不能结怨，一旦结怨，未来的路就不好走了。夫妻也是如此，最好不要记仇，那是很危险的。所以我觉得自己同自己，可以做到断交，而不是结怨。要怎么做呢？根据当下的情况，你做完总结之后，这一刻的你就与上一刻的你断交。决不把上个时刻自己都不满意的事情和糟糕的情绪带到当下。在下一个时刻到来的时候，你就会处理得更加满意，因为你想到了更好的办法。

这就是放下，该质疑时质疑，该放下时放下，不把对自己的质疑变成怨气，就不会陷入自我否定当中。人不能只是停留在质疑的状态之中，尤其是质疑自己时，既要有怀疑的态度，又要能积极地面对未来。所以，我认为应该用科学和艺术的态度去质疑，去看待问题。用科学的态度质疑自己，用艺术的态度放过自己。

划重点：

质疑是迭代和创新的前奏。质疑精神就是抓住问题的根本，不断地思考与反问，直到深入到事情的本质。带着好奇心去质疑一切，包括自己。

本章节的工具卡：

在质疑的过程中，练习两个正向的提问方式吧：

1.好奇地问，好奇背后是真心的快乐和开朗，你要清晰地感受到这一点。

然后对一天中你接触到的新人、新事、新知都产生好奇：这到底是是一个什么样的人、事，我很好奇他的3个方面是？

2.提有力量的问题，什么是有力量的问题，就是对方会沉默、会思考、会感动、会滔滔不绝、会因为你的问题而找到他自己的答案。

所以，试着和身边的1个同伴（家人、同事、朋友、客户都可以）进行1次半个小时的交流，看看你是否在对话中提出有力量的问题，把你觉得最好的问题记录下来。

不一样的创业者思维

在创业的几年中,很多人问我这个问题,要不要创业?创业之后你有没有后悔过?如果重新让你选择你还会不会选择创业这条路?

创业确实是一条充满荆棘的路,有一句话,你以为现在就是创业最难的一年,下一年就会好了,结果到了下一年,你发现原来上一年还是好的,最难的总是下一年。比如对于创投圈来说,2018年经济下行,投资机构都缩紧资金,创业者以为2019年会好一些,结果发现2019年大量的资本和投资机构自己都活不下去了,更别说是融资。

以为2020年应该会好一些,没想到2020年黑天鹅现象出现,新冠疫情让中国乃至全球经济进入前所未有的危机和熔断式下滑,企业无法正常开工、消费者无法正常消费、连学生都无法正常上学,对于大企业来说"活下去"都成为一个核心主题,别说那些还在摸索中的创业企业。我前两天在朋友圈里看到了北京一个做活动的公司,做了4年,做得非常好,积累的会员已经达到上百万,合作的活动场次有几千场,但是这么多年一直没有赚钱。他的创始人把家里的钱拿出来，然后向合伙人和客户借了几百万，在前两天写了一封信说我要去寻找自由了，然后宣布把这个非常知名的活动公司关闭。我看到这个朋友圈心里也是挺酸楚的，觉得创业者真的是不容易，在创业的几年过程中搭上自己的资金，搭上了自己的友情，甚至搭上了自己的家庭和健康，到最后创业可能还是不成功。

我记得第一次做直播的时候有人问我：

- 到底该不该创业？
- 创业到底意味着什么？
- 什么样的人去创业呢？
- 我的合伙人都不干，那我还要不要硬挺？

我回答了一句话，他们说这个太不像是一个加速器的创始人，或者说是一个知名导师的回复，但是确实是我的心里话，我说不要硬撑，实在开不下去了你就停下来，不要有包袱，不要被面子所累；或者先静一段时间，然后再思考你是不是真的还要创业。对于创业者来说，健康是最重要的，在任何时候，保持对生命的敬畏，就像你对企业的生命敬畏一样，对于自己的生命也需要非常敬畏的，保持自己心态和身体的健康，你传递的价值观和你建设的组织才可能健康，所以什么样的人特别适合创业呢？

一、什么样的人特别适合创业呢？

第一，只有那些真的在心智上特别强大的超级乐观主义者。

创业是特别考验心性的，我在一次分享课上听到湖畔大学教务长程龙评价马云。他说马云是他见过的超级的乐观主义者，在任何情况下，他都是保持乐观的，任何问题都可以解决。所以创业者的第一条，超级的乐观，心智极其强大。你内心是敏感的、脆弱的，还是能够自我修复的、在某些地方是大条的，或者在某些地方是非常坚持、果敢决绝的。

如果你的修行不够强大，那你把创业当作一种修行也可以，在这个过程中不断地调整自己的心态。要不要创业要看你的内心是不是足够强大，是不是把创业当作一场修行和人生的历练，你是只注意结果，还是把结果和过程看得同等有意义，这一点很重要。

我曾经讲过一句话，人生最好来一次 ALL IN 的创业，因为只有通过创业，你才知道你自己适应变化的能力，你才知道你自己突破瓶颈的能力，你才知道你自己潜在最大的可能性，以及你的边界到底在哪里。人生就是一场探索和发现之旅，对于自己更是如此，如何探索和发现自己的可能性，创业是最好的一种。

但是创业就跟炒股一样，你一定要有一个止损点，止损点在哪呢？就是根本看不到价值、始终做不出产品、始终赚不到钱，还有当你发现自己的心态和健康都大幅下降的时候，甚至创业已经既没目标也没意义，你就需要停下来了。

第二，创业属于那些应变力超强，对外部环境积极判断和善于快速行动，善于自我学习和迭代的人。

我经常引用达尔文在进化论里头的一句话：*It is not the strongest of the species that survive, nor the most intelligent, but the one most responsive to change.* 最后能够存活下来的，不是最聪明的，也不是最强壮的，是那些最适应外部变化的，优胜劣汰，适者生存。所以创业实际上是特别考验人的应变力，你能不能跟得上变化，比如说这场疫情，我们都说它是危机，但它是危就一定有机，它可能是最大的威胁，同时对一小部分人来说，它也是最大的机会，让他们有可能成为独角兽，有可能成为领头羊的最大的机会，如果不抓住，可能就错失了。所以我们说什么样的人适合创业，就是那种应变力特别强的，能够适应外部变化，快速捕捉这种变化趋势，还能快速做出反应的人。

第三，创业属于那些能够建立起真正竞争力的人。

创业在什么时候止损，在你没有价值、没有产品、始终不赚钱的时候。创业中非常需要考验每个企业的竞争力，那竞争力是什么呢？就是你具备不具备跟他人相比的差异性，你具备不具备提供给客户的价值。在创业的过程中，这是对于你的系统能力，对于你的产品，和对于你能不能提供有价值的行动整合起来的一种考验。如果你始终不能建立起你的竞争力，即属于你的、始终不变的核心引擎，很可能当你自己还没有退出的时候，你就已经被市场淘汰。

所以，什么样的人适合创业？

第一，心智强大。他能够通过创业过程不断地去发掘和驱动他人，同时能够让自己更加强大的人。**第二，应变力。**具备最强适应能力的人。**第三，竞争力。**真正的能够建立差异点，并且形成自己的产品和能力，能够持续给客户带来价值的人。

二、不一样的创业者思维

因为在自己做公司之前，我很长时间都在世界 500 强企业以及民营上市企业做高管，所以很多人问我，做一个创业者和做一个职业经理人最大的区别是什么呢?

我说这是两个截然不同的"物种"。

创业者是"野"孩子。不喜欢循规蹈矩、喜欢接触新鲜的、不一样的事物。而职业人是"乖"孩子,喜欢按照规范的动作来。

创业者是最"善变"的人。他们总是把变化当作常态,而对于固态化的情况反而会担心和焦虑,适应变化、跟随变化、把握变化。职业人是追求"确定性的",他们对于变化会感到恐慌,所以始终希望在确定的环境下,有确定的目标、流程,来进行工作和生活。

创业者是执着而不固执的人。他们有自己明确的方向和目标,对于目标执着,而对于过程相对柔性和包容,不会过度纠结。职业人是固执而不执着的人,所谓固执是固执于自己的认知、思维模式和以往的经验,并以此来评判他人及行为,而对于目标和使命往往是跟随性,所以反而不那么执着。

创业者往往要忍受"众叛亲离"。他们知道选择自己热爱的事情就要承担一些常人所不能承担的挑战和艰难,来自合伙人的、投资人的、员工的、家人的,甚至自己对自己的怀疑。你都需要去面对和处理。职业人追求和谐与平衡,不喜欢面对冲突,喜欢保持同事之间的和谐和平等,追求家庭和事业之间的平衡。

创业者又是胆大敢为,有点疯狂的人。比如乔布斯,活着就为改变世界;特斯拉的埃隆·马斯克,造完能源汽车,造火箭,开始为人类未来在哪个外太空居住而进行打算;马云在创业初期尽管没有一个投资人看好他,他也始终坚定要让天下没有难做的生意。这些想法无一不胆大、不疯狂。而职业经理人是规避风险,按经验和规矩来,他们在企业中的核心价值就是规避风险,让企业按照固定的模式、确定的模式和流程来行进，然后继续优化、固化。

创业者喜欢创造和突破，打破常规，去除条框，比如像谷歌的创始人拉里就具有典型的不设限的特质，而在中国最像谷歌的字节跳动，它的创始人张一鸣同样也有这样的一个特点，所以才能够成为引领者。而职业经理人习惯建立流程和规矩，他们没有条框就没有安全感，在相对规矩和约定的环境下才能够更好地思考和行动。

创业者追求内在的自由，为了内在的自由可以有强大的内心、自我约束、自我学习和自我升级；而职业人遵循有约束的自由，凡事必须有规矩、有约束，需要考虑多方面的关系、因素、能力等。

比较下来，你可以知道创业者的光荣、梦想以及背后要承担的各种特立独行，没有绝对的好与坏、对与错，在任何公司都需要这样的两个角色。而相比之下，创业者一定是那个从 0 到 1，缔造新世界的英雄式人物，职业人则是那个从 1 到 N，让齿轮持续运转，并不断高效化的团队。

很多职业人最终也会走上创业者之路，有的会去创业，因为他想从内打破，去除条框和束缚，去做一个不一样的自我，去遵循自己的心和方向。有的会在内部因为格局、担当和成就的变化，成为企业的合伙人，进入到企业股东的行列，成为企业真正的拥有者，从而与企业发展成为生死与共的利益共同体，那么，这样的职业人身上也会有了创业者、创始人的心态和特质。

三、创业者、创新者与改变者

2015 年，在我创建 AA 加速器的时候，就把它定义为：发现和助力未来的改变者。改变者一直是我心中真正创业者的标签。有人问创业者和改变者有什么区别呢？到底改变者精神是什么样的精神？什么才是我们心目中真正能够推动改变的改变者呢？

在讲改变者之前，我想先讲讲创业者和创新者的区别。

创业者和创新者，创业者是以建"业"为核心，有产品、有商业，所以找到产品、提供价值、建立商业模式是创业者必备元素。 有些创业者可能能够做成生意，总能找到好卖的产品，把产品卖出去，也总能赚到钱，但是在钱之外没有更多的创新。**而创新者，核心在于"新"，创新者有可能不是创业者，不长于业务经营，但是长于改变和创造，建立不同的推动。** 我想说的是改变者是那种创业创新者，既能够推动改变，带来创造发明，又能通过商业化，将这样的创造应用于社会，产生积极的显性的价值。

所以，接下来聊改变者基本是匹配于创业创新者的逻辑。改变者是什么样的？应该具备什么样的精神？

我们在筛选改变者上，强调了 4 个精神：

第一，有真实的、想去改变的内在动力。

改变者总是积极的去拥抱变化，乐于探索世界的未知，将创造价值作为人生的乐事，不惧怕失败，在失败中追求改变的方向和动力。我自己是非常喜欢乔布斯的"活着就是为了改变世界"的这个理念，为什么我去做发现和助力未来改变者，我们也特别希望去找到那些是真心为了去改变世界的人，可能其中只有很少数人成功了，但是我们觉得我们在推动一种力量和一种精神，所以，希望找到有真正推动改变，让世界变得更好、更有效的、真实的、内在改变的动力。

第二，有极致的产品思维。

一个创业创新者一定拥有极致的产品思维，做好一个产品，创造一类价值。你只有能够去打造一个对用户真正有价值的产品，你才有可能去创造改变。你能够去找到用户当下面临和想解决的一个问题，你才有可能去抓住机会，形成改变。

产品这件东西，如果你自己不够极致，你就很难给到用户一个能够去满足他期望，或者超出期望值的产品，因为用户是不一样的；只有你超出他的期望，用户才会对你叫好，才会竖大拇指，所以，只有拥有有共情的用户思维，你才可能做出一个让用户眼前一亮，甚至能够说WOW 的一个产品。

第三，具备良好的商业思维。

什么是商业思维，第一步做流量，就是我们说获客的能力。怎么去做获客的能力，怎么实现用户的增长，怎么唤醒用户内在的需求，怎么能够实现用户的自驱和裂变。第二步是怎么赚钱，很多人说赚钱这件事情就是忽悠啊，如果这个真的是忽悠的话，你忽悠一次就没戏了，所以你真正要去创业，要持续赚钱，你要让他觉得真的对他有用，而且他觉得这个事情他不付钱都亏了，如果能够去建立这样的一个维度，就真正建立了一个优质的商业模型。

要建立商业思维，首先你要撬动用户购买的动机，他为什么要购买。第二个是降低用户觉得买这件事情的难度，他觉得我是可以买得起的。一个是提升动机，一个降低难度。同时你还需要建立让他有再度购买的能力，让他成为你的事业合伙人，能够去吸引更多的用户来参与到这个商业中，这样的商业思维是改变者非常重要的思维。

第四，有改变者精神。

包括哪些呢？

1. 洞见和引领。就是你敢于去定义一件事情，敢于引领一件事情，敢于坚持一件事情。拿我们自己的例子，在做加速器这件事情上，中国是没有任何的案例，甚至全球都没有人定义过什么是一个加速器，跟孵化器到底有什么不同，加速器的加速产品到底是什么。在这个过程中，AA 做了一件我觉得是引领性的事情：定义什么是加速器，它是专注于内容服务的；定义什么是加速产品，它是帮助创业者和中小企业看到改变，并且形成改变的一套系统工具。

我们在这中间不仅仅是定义了这样的行业和这样的产品，我们也主动推进了这个行业联盟的成立以及行业共同的思想，比如说我们牵头撰写了《中国加速器蓝皮书》，我们推进建立了中国加速器联盟，我们提出了加速器的三个"不作恶"。当然跟很多的企业家相比，AA 还做得不够，但是作为一个改变者，首先你要秉持对的价值观，敢于定义和引领，不要永远想着我是一个跟随者，要等别人做成功了我才敢做。你敢不敢去做别人没做过的事情是改变者的基本精神。

2. 突破与行动。每一个企业或者每一个创业者，在他的企业周期里都会遇到太多次的瓶颈，怎么能够实现突破，对于一个创始人或者说一个企业初期的团队来说都是非常重要。就是要把自己打碎，先把自己的面子和身份感打碎，然后把自己习惯的组织形态、商业模式，尤其是把自己惯性的思维模式打碎，同时敢于碎片化之后去重构，这就是非常重要的自我突破。

这个事情是非常艰难的，但是当你形成一次突破的时候，你就能够看到自己的天花板已经被打碎了，你的世界会变得越来越大，你的心胸会变得越来越宽，你的格局会变得越来越高，你身边优秀的人会变得越来越多。

行动是改变者非常重要的精神，只有去做才有改变，光想不做是无法形成任何的推动和改变，所以，敢于行动、勇于行动、快速行动，都是改变者最基本的特质和精神。

3. 社会责任。前一段看到一则信息，乔布斯的遗孀说要把她拥有的 250 亿财富完全捐给社会。因为她觉得个人占有这么多的财富对社会是不公平的，而且对家族也不是一件好的事情。我看了很受触动，每一个改变者一定承担了对社会、世界、人类的社会责任，有他内在产生价值的深度诉求。就比如说这次疫情下创业者受到了非常大的冲击，我们就组织我们认证的创业创新加速引导师为创业者提供了一个完全免费的 20 天助力计划，这 20 天里我们的引导师花了很多的精力来帮助我们的企业家和创业者，即使大家投入了自己特别多的热情，回答了大量的问题，有些人还是会面对冷脸和怀疑。但团队中所有的人都说到做到，共同坚持了 20 天，只要有任何企业提出任何问题，我们的引导师都用自己 120% 的热情去支持他们，辅导他们，我觉得这个就是社会责任，就是一种发自内心的改变的精神。

改变这件事不仅仅在创业、创新者身上，当我们放到每个人身上，每个人都希望过更好的生活，都希望自己的生命更丰盛、更多彩、更有价值，这就是真实的内在改变的动力。我们每个人其实都在为改变而生！

当你真的把自己当作一个真正的改变者，试图让这个世界更美好一些、更有效一些、更丰盛一些，让他人从你这里感受到不一样的温暖和价值，那都是极好的事。

即便你不是创业者，你是一个家庭主妇、你是一个孩子、你是一个蓝领工人，或者你是一个企业的职业人，在改变的过程中失败了，没有达成你期望的目标，但因为你始终在推动改变的发生，为改变而生，所以你也不会有任何的遗憾。

划重点：

大浪淘沙的局势下，真正适合创业的是在心智上超级强大而乐观、应变能力强并掌握独特竞争力的人。也许你不是创业者、创新者，只要你在积极推动改变的发生，你就是一名改变者。

本章节的工具卡：

用这几个问题问问自己，你能不能 *All in* 一件事情里？

1. 这个事情是不是我真心想做的；

2. 这个事情对他人和社会有没有实际的价值；

3. 这个事情自己能不能一直做下去，做到老；

4. 这个事情是不是我可以做到最好；

5. 当我到老年的时候，回头看我曾经做过的这个事情，是不是会让自己感到自豪和欣慰。

如果是，就大胆出发吧！

第四章　改变第四步：高情商沟通

说话是一门艺术,
但并不是所有人都能掌握它。

会说话，主要靠情商！

董卿是央视著名的主持人。之前看过一条新闻，说在《欢乐中国行》的节目中，录制云南大理篇时，董卿不小心踩滑从楼梯上摔了下来，爬起来后她不仅表现得坦然大方，接下来的处理方式也令人眼前一亮。她开玩笑地说："我真的是为大理的美景所倾倒，倒在了三塔寺下啊！"

这一句机智的话语，不仅化解了自己的尴尬，还顺便将大理的美景夸赞了一番。

董卿太会说话了，这毫无疑问成为她事业迈向成功的一大助力。

会说话是一种能力。

会说话，也是职场人关键的自我修养，如果职场有必修课，摆在第一位的，一定是说话的能力，或者叫作沟通的能力。

有效的沟通背后往往不是智商和专业能力，而是高情商。

无论是为了在工作中更好地跟老板和同事打交道，还是在生活中更好地和朋友玩耍，高情商的说话艺术一定可以对你有所帮助。

什么是高情商的说话？简单来说就是：

你能够完全理解对方是谁、要什么；

你总是能换位思考，站在对方的角度进行交流；

你讲的每句话都能和对方同频，让对方产生共情；

和你对话，也许未必是专业的，但总是让对方如沐春风。

一、在心里给对方建立画像，他是谁

说话是一门艺术，但并不是所有人都能掌握它。

了解说话的对象是谁，关注点放在对方身上，对方年龄、教育背景、兴趣爱好、工作环境、性格特征等，备足闲聊的话题找到共鸣。

当和那些你不熟悉的人聊天时，不可避免尴尬的冷场总会出现，在这个时候你可以在心里问自己：这个人是谁？他的喜好是什么？他的性格特征是什么？他的穿着代表了什么？他也许会不喜欢别人问他们什么？

当你在心里给对方建立画像时，你会发现有一些人可能天然就和你缺乏共同语言，那么你就先越过这些人，从那些你判断画像和你的生活、工作场景比较接近的开始。你可以先找到这样的对象和他们进行交流。即使和陌生人第一次沟通，你也一定记住，面带真诚的微笑，先从介绍自己开始，Hi，我是谁，你觉得今天这里怎么样？我看你有点不开心啊，你今天过得好吗？你有几个孩子，多大了？家庭话题、工作吐槽、对现场的看法，等等。

在心里给对方做一个画像，并快速建立共情，找到双方的话题。你谈的也是你有谈资的话题，这样你们可以快速产生共鸣。你可以抛出观点，也可以以提问来鼓励对方发表观点，当对方感觉到你的亲切和友好，你们就会快速进入真正的对话，甚至深度交流的状态。建立画像进行交流，会让你建立对话的主动权，大部分人都希望在沟通中有人先行示好，尤其是那个看起来还不错的谈话对象，而且他恰恰还有一个自己感兴趣的话题。这会使你成为对话的主动方，那个看起来情商似乎更高的人。

二、适度重复对方的语言

当你建立了亲和，找到了大家都喜欢的话题，双方开始快乐地交流，但沟通的结果也许并不像你想象的那么美，很多时候你以为你听到了或者听懂了对方的说话，但其实你会漏听甚至错误地理解对方的话语。因此，重复对方的重点，和对方进行确认，比如"你刚才说的是？""你的意思是？"这能让你与对方的交流更深入，会进一步加强你们之间的好感度和信任度。对方会充分感受到你对他的尊重，你确实在认真听他说话，即便听得不完整，你向他确认的过程，也会让他觉得你对他的重视，这就是需求层次里最高的环节。

所以，适度重复对方的语言，和对方确认你听到了、听懂了他说的话，这会让他的对话需求得到更多的满足，再度加强对你的好感度和信任度。在职场上也同样如此，我们经常说好的员工不是老板交代了就马上提枪上阵，快速行动的人，而是会在老板面前跟老板重复一遍：

"您刚才说的是……"

"您期望达成的目的是……"

"您给我的建议是……"

"您担心的是……"

"您希望我采取的行动是……"

有些理解错误的地方,老板可以快速给你反馈和纠正,而在目标和计划上通过你的重复,有时还会加深他的思考,"我想要的确实是这个吧",双方能达成明确的共识。当你这样做的时候,你的老板感觉是什么?太棒了!这个小伙伴真会做事,不仅会做事,情商也很高,做事情错不了。

我们在遭遇话题冷场的情况,重复对方的话再进一步追问,也会变成一种重新暖场的方式,

"刚才我记得你谈了一个很好的话题,如果……你觉得怎么样呢?"

"对了,你刚才说……我也有同样的问题啊,能不能向你请教……"

有的人为了暖场,经常问一些"今天天气怎么样""你吃了吗"这样显而易见的问题,这只会让氛围更加尴尬,你看到对方脑门上飞过的乌鸦了吗? 所以适度记住对方的话,当缺乏话题的时候,重复一下对方的观点,向他请教或者进行嘉许,你一定会收获不一样的眼光。

三、讲个故事,你的魅力值和认同感将大大提升

看书看电影的时候,你可以发现并记录下其中有趣的故事,但是最好的故事往往来自你自己和你身边的人。如果你是一个会讲故事的人,那么你很容易成为一个场合的聚焦点。

会讲故事,你就是一个很懂得说话的人。

在生活中,你总能发现:TED 的演讲者在演讲时能够让听众聚精会神而不打瞌睡、不玩手机,最后掌声如雷;好的销售一席话说完,就让消费者主动购买自己的商品;金牌编剧的剧本能看得让人泪眼模糊……

为什么他们能够打动人心，因为他们不是平铺直叙，而是先从一个故事开始。

最简单的故事往往从自己开始，比如"我想和大家讲讲我自己的故事，一个失败的故事"，第一句话会让大家聚精会神，第二句话会让大家形成共情，因为任何人都会同情弱者，你说失败远比说成功更让人愿意往下听。

那么如何去说好一个故事呢？很多人觉得自己是个特别口拙的人，实在不会讲故事。其实讲故事非常简单，五个关键要素：人物、主题、情节、矛盾、解决方法。

举一个最简单的小故事，比如一棵叫花花的树，这就是人物。他想知道自己明明是一棵树，为什么叫作花花，这就是主题。他开始到处询问，遇到每个人都问他你知道我为什么叫花花吗？这个询问的过程就是情节。在寻找答案的过程中他发现一直以来他以为自己是棵树，其实他只是一棵长得很像树的灌木而已，这就是矛盾。最后在寻找答案的过程中他终于接受了自己的身份，相信自己是一棵灌木，但是同样很美丽，就如同盛开的绿色花朵。这就是解决方法，寻找自己、认识自己，最终和自己的矛盾和解。其实任何故事都可以这么去描绘。

如果你觉得你依旧不会讲故事，那么当你开始一段对话的时候，你可以先从这样一段话开始练习：

我想和大家讲一个故事，讲什么呢？

- 我是谁？
- 我从哪里来？
- 为什么在这里？
- 为什么是我在说话？

- 我想和大家说什么？
- 我希望每个人听了我的话会有什么样的收获？

是不是很简单？其实讲故事也是可以刻意练习的，你不用把"故事"这件事想得太难了，其实你每天的生活都在讲故事，只是你浑然不知。当你按照上述的问题练习时，别忘了在这段练习里加上细节，比如我从哪里来，你可以描绘一下你的家乡，那是一个什么样的地方，尽量增加画面感和视觉感，能让对方也好像身临其境，看到、听到、感受到你的家乡。

在讲故事的时候，一定要真诚，发自内心的表达，这样才能让对话的听众达到同频感受共情，否则，一旦对方觉得你在编造一个假故事，反而适得其反，丢失了所有的好感和信任。

其实人生无时无刻不在讲故事，讲得不好的就变成了祥林嫂，沉浸在自己悲惨的世界里出不来；而讲得好的，就变成了乔布斯、马云，感染了无数的人，最后实现了伟大的愿景。

四、情商，在于总是能够把握分寸和火候

会说话、高情商的说话还体现在知道什么时候该说，什么时候不该说，以及怎么说，说到什么程度，增一分为多，减一分则少。

其实时机和火候的关键不在于"话术"，而在于"理解"，就是要学会怎样体察别人的角色、照顾别人的诉求。会说话，不仅要表达自己的想法还要懂得换角度去思考问题，懂得考虑对方的心理和情感，在沟通中不去挑衅对方，不做让对方难堪的事情。

一个会说话的人有可能是一个天生很会讲故事、很会推销自己的人，但高情商的人却往往是一个真实的、平易近人、总是顾及他人的人。我

们说这样的人总是想得周全，说话也说得周全，和这样的人在一起往往没有压力，相处很自在。

高情商的人懂得把握分寸，他不会把自己放在一个高处，让你仰视，也不会因为你的身份显贵，就对你阿谀奉承，呈现不一样的状态。相反，他知道什么才是最好的对话关系，当发现自己说得太多的时候，会主动让你来说说；当发现自己似乎进入聊天死胡同的时候，随意自嘲"哈哈，我是够笨的"就一笑而过。

语言是一门艺术，说得好可以锦上添花，说得不好就会招来口舌之祸。古语有云"君子慎于言而敏于行"或"君子讷于言而敏于行"，是奉劝世人"慎言慎行"的意思，人们应该说话谨慎，因为祸从口出，说话不谨慎，伤害自己又伤害他人，招来麻烦甚至招致灾祸。

现实中，有不少的人，因为逞一时口舌之快而招来了忌恨。记得蔡康永对于说话，有这样的一句话："把说话练好，是最划算的事。"这句话我十分认同，对一个人的认同除了外表，语言是了解这个人最重要的方式，你其实是一个有内涵、有爱心、善良的人，却因为不会说话、说不好的话而总是让人误会，错失重大的机会，那多可惜啊。所以，要想成大事，得先把话练好。懂说话，就是知人性，能够发挥你的情感，充分应用你的感受力来说话，你会比同龄人走得更远。

划重点：

会说话即善于沟通，是一项很重要的职业素养，体现的不是高智商或专业能力，而是高情商。掌握以下几个技巧，变身沟通达人：在心里建立沟通对象画像；适度重复对方的语言；用故事引导对话；掌握分寸火候。

本章节的工具卡：

就用这样的五个关键要素来练习讲一个故事吧。

人物：

主题：

情节：

矛盾：

解决方法：

说话前,先懂得看场合

一、在不同的场合说不同的话

听过这样一个故事。

英国女王维多利亚,与其丈夫阿尔伯特相亲相爱,感情甚笃,婚姻和谐。妻子是一国之君,整天忙于公务和应酬,而丈夫却不太关心政治,对社交缺乏兴趣。有一天,女王忙完公事,已经深夜了,她回到卧室,见房门紧闭,就敲起门来。

问:"谁?"

答:"我是女王。"门未开,再敲。

问:"谁?"

答:"维多利亚。"门未开,再敲。

问:"谁?"

答:"你的妻子。"门开了,维多利亚走了进去。

从上面这个故事里，我想大家了解了一个道理：在不同的场合说不同的话。女王回到家里，场合发生了改变，她就不再是女王，而是一位妻子。在宫廷上对着王公贵族说话是一种情形，回家说话应该是另一种情形。

著名作家李存葆说过，在战斗最激烈的时候，宣传鼓动不会是长篇大论，有时面对敌人痛骂一声，回头向战友一招手，喊一声："有种的，跟我上！"这比宣传鼓动更有效。如果这时候，你说的是"有种的，给我上"，这种鼓舞的效果就完全不同了，因为在这样的场合下，士兵需要看到的是身先士卒的将领，而不是躲在士兵背后指手画脚、发表言论的将领。李存葆的话说明，说话要根据场合，在对的场合用对了语言，产生的效果有时抵得上千军万马。

在我进入创投话剧社之后，认识了几位大家都认识的名人，比如原来央视的新闻频道主持人张泉灵。泉灵就是一个非常会说话的人，因为她的特殊身份，无论导演、演员都可能会更加顾及她的感受，所以她反而经常通过自嘲来拉近大家的距离，任何话题都积极参与，从怎么发音、怎么练习形体，到育儿、减肥、养猫、喝什么咖啡这样特别生活化的话题，都总能和大家聊到一起。

一开始大家和泉灵感觉还有距离，慢慢地发现原来泉灵是这样的人，能把写着"智障"的发卡往头上贴，能累了趴在其他人肩上，说"让我趴会儿"，也能对八卦津津乐道，又可爱又感性。她确实是我见过的知识系统强大、视界开阔的女性，在对新知上也是和自己极度较劲的人，但在和人沟通上，却特别懂得在什么场合说什么话，懂得如何放低自己和他人相处，让自己活得像个普通人。

人，总是在一定时间、一定地点、一定条件下生活的人，在不同的场合，面对着不同人、不同事，就应该说不同的话，用不同的方式说话，这样才能收到理想的言谈效果。不看场合，随心所欲，信口开河，想到什么说什么，也往往会被归到"不懂事"的范畴。

古人云："言而当，知也；默而当，亦知也。"意思是：明理和智慧，不仅表现为说话得当，也表现为不该说话的时候保持沉默。

如果在说话过程中出于礼貌或是其他原因无法保持沉默，那么选择巧妙避开话题，也是一种智慧。

二、在什么样的场合要说什么话呢？

（一）分清自己人和外人的场合

我国传统文化一向是重视内外有别的，对自己人可以无话不说，甚至可以说些放肆的话，而对外人，则不会如此。再者，你说错话，自己人可以包容，外人就不好说了。因此，遵循内外有别的界限谈话，人们认为是得体的，违反这一界限，便会被认为是"乱放炮"，说话不得体了。

比如在家里你可能经常和你的先生吵架，但是当家里来了朋友或者同事，你就得给足你先生面子，不能当着朋友或者同事的面来揭短，指责你先生百般不好。有些人好不容易家里来个人，就进入怨妇的状态，进行血与泪的控诉，其实这就是"不懂事"，外人看在眼里除了对你先生产生差评之外，对你也不会徒生好感，反而在心里说"绝对不能娶这样的女人"，而等外人一离开，你先生会跟你吵得更厉害，你又会更加抱怨，从而进入恶性的循环里。反之，你在人前尊重他一分，他会记在心里，在人前也会敬你一分，即使他有不足的地方，因为你对他的尊重，对他好处的强调，会变相地提醒他自省，从而纠正自己的态度和行为。

对另一半如此，对孩子也是如此，孩子也有尊严，也有自己的小骄傲，当着外人比较和批评自己的孩子，对于孩子其实是极大的伤害。

在工作中，同样有自己人和外人的区别。很多时候，一个企业内部总是有这样那样的问题，也会有这样那样的矛盾，我们经常关起门来内部开会极其犀利，从事到人都会有各种挑战和质疑。但是当我们去面对外部客户、合作伙伴的时候，就总是齐力体现我们最好的一面，在沟通上互相补台，互相称赞，表现出一个团队最好的样子。如果在外人面前互相踩踏，或者体现出互相猜疑，一旦给有恶意之人利用，企业和个人形象就一起都崩塌了。所以，说话一定要分清自己人和外人的场合，懂得张弛有度。

（二）分清正式的与非正式的场合

很多人说玲伟姐你太会说话了，每次看你上台说话都特别有煽动力，逻辑性特别强，又充满了激情和智慧，好想跟你学说话啊，这样的说话能力可以怎么训练呢？

其实在非正式场合，我的好朋友们老批评我不会说话，太刚直，不会转弯，不会造梗。经常朋友们讲了好几个梗，我都没听出来，还总是问为什么啊，过了好一会儿才明白过来，一个人在那儿傻乐。

所以，把场合分开，在正式场合你需要做足准备，这里也分几种说话方式：

如果你是正式场合下的主题发言人，那么你最好提前想好：今天要讲什么主题，对象是谁，你希望传递什么样的主张，你希望现场产生什么效果。

如果有很多人一起主题发言，你想让别人记住你，你就要有不一样的地方：

1. 你需要提前了解其他人的主题是什么，看看是不是有重复的或者差异过大的地方，如果有怎么处理，如何提供一个好的主题，起一个好的标题；

2. 你可以提前做一下开场的准备，设计一个大家都会感兴趣的问题，或者一个和主题相关的小故事，把大家的关注力完全聚焦到你的话题上；

3. 你要给自己的主题分出波段，建立关键传播点和高潮点，每一个波段都要有让大家记住的点，简单、清晰、触动人心，又有认知的深度。也许最后大家对于正常活动没有印象，但是记住了你讲的某一句话或者某一个故事。

4. 你要做一个收尾的设计，可以是强化你的信念，可以是激发在场每个人的善念，也可以是激励每个人对美好愿景的向往。

当然，在正式场合，也有很多"怪咖"，不走寻常路，总是语不惊人死不休，每个人都有自己的沟通风格，你可以发表任何看法，可以标新立异，但是在正式场合，我建议六个字：正念、正言、正行。

正式场合的演讲不是每个人都能做到有的放矢，轻松自在，大多数人都会紧张，有时候甚至忘了准备好的话术，手脚都不知道怎么放，在规定的时间完成不了。那么对于这样的情况，我的建议是：没有其他办法，提早练习，反复练习，练上十遍百遍千遍，你一定就练出来了。乔布斯总是能做煽动人心的演讲，他的产品发布会就是全球"果粉"的朝圣之旅，而乔布斯的演讲则是每次早早就开始反复练习。

如果你不是主题发言人，但这是一个正式场合，比如酒会、颁奖典礼，等等，在你身边都是一些有身份的人士，你希望在这里不做沉默者，能够在其中闪光，那么，至少你需要提前准备一套介绍自己的话术，你的名字，你的家乡，你的职业，你的兴趣，你喜欢读的书，你喜欢喝的酒等等，提前准备，你一定会在这个场合下遇到愿意和你沟通的朋友。

和正式场合的认真准备、谨言慎行相比，非正式场合你完全可以轻松地做你自己，真实、真诚就好，千万不要刻意，也不要太用力。让大家了解真正的你是什么样，喜欢你的自然会来到你身边，不喜欢你的证明你们的处世方式不一致，淡然看待离开就好了。人生不在于有很多人喜欢你，而在于通过多次交流和相处，了解了你的好和坏，知道了你的在意和不在意，还喜欢和你在一起的人。珍惜这样的朋友，远胜于有很多朋友。

（三）分清多说与不说的场合

有一次，我带着一个在我眼里很会说话的朋友去见一位我很尊重的企业家。我想我总是很严肃，讲的话题又总是离不开自己做的事情，太无趣了，这个朋友了解我的项目，人又很好玩，很会调节气氛，会讲很多段子和笑话，带着他去应该更有话题。那天聊了很多，我刻意少说话，让我的朋友多说，确实一个下午大家聊得特别开心和畅快。回到家里，这位企业家就发了一个信息过来：玲伟，今天你讲得太少了，我其实想更多了解你对你现在做的事情的想法，结果你的朋友太能说了，我又不好打断，我看你也插不进去话，你如果还有要说的给我发信息吧。

我发现原来能说多说也未必是好事，我的朋友忘了主题，天马行空聊了很多，却跟我们原本想聊的话题没有半分关系，也忘了我的角色，他变成了主角，我变成了听众。而我又说得太少了，结果让整个宝贵的对话时间都处在闲聊的状态，我们出于礼貌又都不好打断，所以，本来有很明确目标的会面被浪费了不少时间。

说话同样需要分清什么时候多说，什么时候少说。自己该多说的时候就要充分表达，承担主导话题的责任和义务，该少说的时候就要做好配角，做个称职的捧哏。

会说话和"话痨"绝对不能画等号，我们要会说话，但千万不要成为别人眼中的"话痨"，喋喋不休，不顾他人，当大家都疲劳需要安静的时候，或者有些人想说话却没有机会说，你不断说话、大声说话就变成了杂音甚至噪音。

在与他人的对话中，注意好上面所列的几个场合，有所感受，有所关注，你就会成为一个受人欢迎的沟通对象，不仅大家愿意和你交流，你还会找到自己最舒适也令人舒适的状态。 说话得体的人，其背后潜藏着的，是深入骨髓的善念，推己及人的尊重，深刻独到的智慧和不为烦琐动摇的钝感力。

划重点：

俗话说："到什么山唱什么歌。"会说话需要会看场合，看场合主要表现在分清自己人和外人、分清正式和非正式场合、应该多说和不说的场合。察言观色而后得体表述，不卑不亢，就是高情商沟通。

本章节的工具卡：

做一个正式场合的演讲准备，你可以这样反复练习：

1. 先为自己设计一个名字的介绍，让大家记住你；

2. 提前向主办方了解这个场合的主题是什么，为自己的演讲起一个切合主题的好标题；

3. 你可以提前做一下开场的准备，设计一个大家都会感兴趣的问题，或者一个和主题相关的小故事，让大家的关注力完全聚焦到你的话题上；

4. 你要给自己的演讲分出波段，每一个波段至少设计一个能够打动人心的关键点，简单、清晰、触动人心，又有认知的深度；

5. 为收尾做一个精心的设计，可以是强化你的信念，可以是激发在场每个人的善念，也可以是激励每个人对美好愿景的向往。

这样说话很有气场

有很多人跟我说过，听你说话好有气场啊，一开始我还纳闷我只是说话而已怎么就有气场呢？后来他们跟我讲就是想听你说话，而且怎么都听不够。听完以后就是觉得你好牛啊，想加你的名片，希望认识你，希望听到你更多的演讲。

认识我的人知道，我是一个特别朴素、随意，甚至在外表方面粗枝大叶的人，即使在正式场合，穿着打扮都非常简单，因为南方人的特质，说话语调比较平，很难像演讲师一样抑扬顿挫。所以，一开始被大家夸有气场我权当作对自己的一种鼓励。后来说的人多了，我才发现他们是在真心夸赞我，甚至有些人追随我多年，听我的演讲，看我的文章，上我的各种课程，还总是会去点赞。

所以，在如何说话里，即使你不美丽，也无法口若悬河，你也可以去尝试建立自己的"气场"，即使是普通人，通过好的讲话，你也可以拥有气场，拥有属于你的追随者和支持者。

那么"气场"到底是什么?"气场"又是怎么发生的呢?

一、气场是什么

气场的本意是宇宙磁场间的气流,后来又被扩展为你的语言或行动给你所在的环境创造出的氛围、形成的气势。

有些人把气场等同于气质,或者把气场认为是气势,这两个认知我觉得都有一定道理,但还不够全面。气质是一个人内在涵养的悄然流露,气势是你表现出来的力量、影响力和感召力,我理解的气场是既有气质又有气势。

在说话中要建立你的气场,就是要言之有物,言之有意,言之有境,让你讲的内容充分体现你的精神和信念,反映你的格局和远见,大家关注你的"神"胜过关注你的"形",这就是气质的部分。同时你又能够在现场唤起大家的共鸣,让大家能够进入到你的远见之境中,或者进入到你描绘的蓝图里,跟随你看到、听到、感受到。这样的共鸣自然形成一种内在的影响力和感召力,在现场形成心流(美好的感受在内心流动,形成幸福感和快乐感),形成人与人之间的互相吸引,这就是"气势"的部分,于是,气质加上气势就形成了气场。《气场》的作者皮克·菲尔博士曾经说过:"气场可以是吸引力,也是魔力,可以是某种具备神秘能量的魔咒,它使得人们的目光总是被你吸引,不论你在做什么,都能让你受人关注。"那个具备神秘能量的魔咒应该就是你的语言中对于信念和愿景的描述,为什么被你吸引,因为通过你的语言在他心中产生了心流,所以禁不住被吸引,想关注。

二、怎么说话才能建立起气场

从上面的描述，我们知道了说话有气场的重要性。那么对于我们普通人，怎么让自己说话更有气场呢？

1. 形体要舒展，要挺胸抬头。

小时候老师就教导我们，坐要坐端正，站要挺胸抬头。有气场的直接表现就是要挺胸抬头，展示一个良好的形象。让对方看到你的精气神，你的自信微笑，给大家传达一种阳光干练的形象。

我们经常讲话不知道手放在哪里，脚站在哪里。我有一些朋友就经常有这样的小动作：有人会把双手紧紧抱在胸前，这其实是典型的防御和戒备的暗示，很难让人跟你靠近；有的会手指拿着话筒或者铅笔边转边说，转的过程是他思考的过程，却很难让听者专注或者提升你个人的影响力，听者会觉得你很焦虑或者紧张；有的会把双手背在身后，边走边说，这个是典型的老干部动作，你可以讲得很权威，却让人产生不了亲近感。

所以，你可以做一系列最简单的手部动作练习，把双手打开，自然地放在身体两侧，跟随你的讲话做一些动作；你也可以俏皮地用一个手叉腰，一个手打开邀请大家参与；当你说到重点的时候，你可以把手举高，这可以带来向上的力量。

很多人一上台讲话脚也不知道如何安放，有的一直抖动一条腿，有的始终在一个点上站得笔直，有的一直在台上低头走来走去，这些都不会建立你的气场。最好的方式就是自然地和大家互动，始终面朝前方，该站立的时候站立，配合你的手势和表情，不会让你显得僵硬，该走动的时候走动，但你的眼光总是在听众身上，你知道踱步的分寸，你始终在舞台的中央部位。

讲话的时候要尽量让自己放松，放松是最好的自信。把听众当作朋友和家人，你想和他们讲讲话，也想听到他们的反馈，你的眼神千万不要直勾勾的，也不要只是低头望地抬头看天，你可以用眼神和听众互动，可以即时了解大家对内容的反应，做出语速和内容的及时调整，放松会让你对现场有敏锐度和掌控度。

2. 要有底气，注意平常的积累。

想要说话有气场，说话的时候，就一定要笃定，语气不急不慢，吐词要清晰，声音要洪亮，但记住声音洪亮并不是让人觉得你要吵架，而是给人一种胸有成竹的感觉。在说话中，尽量不要用不确定的语言，比如这件事可能是这样的，我好像有点明白，我大概可以接受。"可能""大概""好像"，这样不确定的语言都会严重影响听众对你的信任度，进而影响吸引力。

说话的底气往往来自充分的准备，和自身平日里的积累，有句话"腹有诗书气自华"，就是你积累得越多，你在现场表达的就越自如，即使现场有人向你提出各种你事先没有准备的问题，你也可以根据自己的经验和积累的知识给到对方满意的回答，而谈吐间的微笑、平和、淡定让你自然而然溢出气质，现出气场来。

我曾经给我的同事们举了一个例子，告诉他们一定要多学习多读书：你看天鹅在水面上多么优雅、怡然，但是你知道它却在水下不断地滑动它的脚蹼吗？你看到的那些优秀人士，在现场能够那么潇洒和自如，背后不知道花了多少工夫，流了多少汗水。所有的底气除了少数天分，更多的是勤奋！

3. 要言之有物、言之有神、言之有境。

讲空话、讲大话，不管你怎么大声、怎么滔滔不绝，也无法建立起你的气场来。所以，讲话一定要言之有物，有主题、有内容、有故事，你说的内容和你自己越贴近，就越容易打动听众，因为你自己的故事最真实。

想建立气场，光是普通的聊天还不行，你还需要有气势，气势来自你的追求和坚定的信念，这就是言之有神。你在讲话中你想传递的精神是什么？你相信什么？你相信的程度有多强？是知道为何故能忍受任何，还是我只是相信一下；是千锤百炼始终坚信，还是说说而已口头相信，这都会对听众产生不一样的影响力。你的坚定会产生强大的气场，让大家因为你的相信而产生同样的向往。

王国维先生的《人间词话》，专门提过"境"分有我之境和无我之境，"衣带渐宽终不悔，为伊消得人憔悴"是有我之境；"梦里寻他千百度，蓦然回首，那人却在灯火阑珊处"是无我之境。说话也有创造有我之境和无我之境之分，有我之境就是我正在建设的当下，目前有什么样的成果，可以把结果和数据告诉大家，让大家也在你的画面里感受这样的成果。无我之境，就是我相信通过大家能够共同创造的未来，那里充满美好，那里每个人都是贡献者和获益者。无我之境，因为相信所以看见，你把一个美好的蓝图展现给大家，让大家也相信这个未来，并和这个未来产生了强烈的连接，这就是气场。

我和你变成了我们，陌生人因为看见未来而建立了磁场，而创造这个磁场的你就自然有了气场。所以能建立气场的人往往是一个相信未来，活在当下又放眼未来的人，是一个打开而又充满力量的人。

大多数的人因为看见所以相信，成为一个有气场的人，则是因为相信所以看见。比如马云，让天下没有难做的生意；比如腾讯的新使命，科技向善；比如 AA 加速器的使命，发现和助力未来的改变者，"改变者绝不是苦行僧，而是不断挖掘潜力，发现乐趣，用持久的激情和热爱，去探索世界的未知，去推动人类的进步。"正是这样的信念和这样对未来的画面感让我们有了大家心中的"气场"。

划重点：

气场是气质和气势的结合，通过刻意练习每个人都能形成自己的气场。气场练习小技巧：抬头挺胸、控制语速和音量、言之有物。所有的小技巧都需要提前准备、反复练习。气场的宗旨是要心中有信念，因为相信所以看见。

本章节的工具卡：

做一个关于气场的小练习，就是演讲的站姿，怎么让自己看起来自然、亲和又有气场。

- 抬头挺胸
- 保持微笑
- 双脚同肩宽站立
- 可以在演讲台中央点的左右两米走动
- 保持眼睛看向第一排观众
- 双手始终打开，朝前朝上
- 目光坚定不飘移

最高级的说话，是让人感觉舒服

一、你对一个人的最高评价

我们应该都见过这样的人，他们可能貌不惊人，在人群中并不惊艳，却在无形中给人一种特别的魅力，笑眯眯的眼神，即使不说话也让人感觉很温和，很值得信赖，你很想与之亲近。

还有一些人，可能身份高贵，资产丰富，但跟他聊几句之后就不想聊了，甚至看到他，你就不想说话，不想靠近。

前一种就是让人舒服的人，如沐春风，说的就是和他们在一起的感觉。后一种则是让人不舒服的人，这样的人比比皆是。

"舒服"这个词很简单，但做起来太难。其实，让人感觉舒服的人和让人不舒服的人，与这个人的身份、地位、职业、金钱以及高矮胖瘦、衣着打扮等基本无关，而是跟内在的修养和思想层次息息相关，那些内心丰富、思想层次高的人，更懂得尊重他人，也更在意平等的意义。

我一直认为，"他是一个让人舒服的人"是对人极高的评价，这也是我的目标。我是个逻辑控，又比较注重闭环思维，跟别人沟通时总会轻易挑出别人的问题，所以，在工作中有些人会觉得我要求高、严厉，我的做法或许是对的，但不得不承认，这个过程不那么让人舒服。

我希望有一天，别人提到我，说V姐是一个让人很舒服的人，而不是说我是个超有思想的人。因为让人舒服的人，会让人不自觉靠近，见贤思齐，反省自我，然后改变自己。

二、如何让人舒服

改变自己，这是人类最突出的能力，我们都在为改变而生。那么，怎么做既能保持自我风格和原则，又让人感觉舒服呢？

1. 不进攻

我们身边不乏一些很有攻击性的人，别人还没说完话呢，他就已经准备好了要反驳，"这个事情做得很差""这个方案太垃圾了"，脱口而出这种直白而尖锐的话。对于任何一个成年人，都会对这种话反感，而产生自我保护，要么就是跟你来一番激烈争辩，要么就是甩给你一句"你行你上啊"。不管是哪种，战争都挑起了。毕竟人性就是如此，总爱争输赢，这个争论的过程肯定是不舒服的。

但也有一种情况，别人做得真的不好，征求你的意见，你怎么表达你的态度，又让人舒服呢？这时你可以从你个人的身份，以帮助为出发点，提出客观的意见和建议，如果可以多一些时间，还可以帮助他一起分析方法，哪种最有效，为什么，共同来完成任务。提供建议和方法，表达理解，客观地分析和解决，而不是挑衅和进攻。

2. 不刻意奉承

让人舒服的关系一定是平行关系。当然有不少人是喜欢他人来称赞自己，表扬自己，甚至奉承自己。什么是奉承呢？我理解是脱离平等关系，刻意建立的高低对话模式，我自己是不太喜欢那些对位高权重的人就说不同话的人，或者那种欺软怕硬、看人下菜碟的人。所以，对话中不必刻意地仰视他人，也不要总是对人刻意奉承，这样未必会让对话的对象舒服。

当然，这里面还有谦逊、谦卑和奉承的区别，当你面对一个新领域，面对陌生的人，你以谦逊甚至谦卑的态度来沟通和学习，发自内心的尊重：每个人身上都有我要学习的地方，认真倾听，专注学习并给予反馈，和每个人谈话都能把自己压得很低。这其实是人生的修行，大多数人做不到，如果能把谦逊和谦卑变成习惯，那这个人其实是非常了不起的。

3. 不批判，不评判

批判的意思是批评，下断言；评判是评价，下断言。不批判很好理解，但不评判也很重要。因为评判就意味着你站在了制高点去审视别人、评价他人的对错，而且评判事情还好说，一般人或许能接受，但如果只是以主观看法去评判他人，并且试图让对方接受，就会让人反感。比如你说这个人是 OK 的，或者那个人是不 OK 的，言之凿凿，有理有据，但是被你说的人未必舒服，说人家不 OK，你凭什么去说人家不好呢，对方听了，即使你是长者他心理也不会舒服。同样，说人 OK，你又以什么立场去说你这人做得不错，其实还是一种居高临下的态度。即使你说"我就是客观评价，只谈个人观点，不论对错，你可以采纳也可以不采纳"，可是这样的语言是不是也让人觉得不舒服，说了就是说了，评判就是一种有断言的观点。我们何德何能，能对别人做判断呢？

4. 不喧哗

总有一些人，喜欢在公共场合旁若无人地大声说笑交谈、大声打电话恨不得所有人听到他说什么、大声玩闹等，说话带点脏字还特别用力的那种，生怕别人听不到，或者歪躺着，或跷着二郎腿还使劲抖，遇到这样的人我干脆离开这个场合，或者找个相对安静的角落待着，能离他多远就多远。

能够关注到公共场合，做好自己应该是基本的礼貌，但确实有一些人是没有顾忌这些。所以，让自己在语言上成为一个不给他人添麻烦的人，最基本的一项就是不要大声喧哗。我大概只能忍受两种喧哗：一就是这个人讲的话很有内容，很有水平，他只是嗓门大而已。第二就是孩子控制不住的突然哭闹。

5. 不虚伪

让人舒服的最大前提是真诚，不装、不端，你语言呈现的就是真实的自己。都是成年人，谁也不比谁笨多少，你要是装，或是吹牛、虚伪，别人很快就看出来了。我记得在 2009 年刚进入到一个新的行业，那是我从来没有接触过的行业——服装行业。在第一次开企业经营例会时，我看到几个数据和其他的差距很大，就立刻询问为什么是这个结果。我问完，当场好多参会者窃窃私语，老板也挠了挠头，没有人回答我的问题，就这么晾了过去。我感觉自己问了一个非常愚蠢的问题。等会后，公司的副总过来跟我说，其实大家都知道这后面的原因，但大家知道说了也没用，所以干脆不说。我问为什么不把这个问题拿出来彻底解决掉呢？

他说，这个会动及很多人的利益，不太可能解决。我说，即便如此，在下次碰到同样的问题，我恐怕仍然还会追问。

因为，我相信做一个真实的人，哪怕无知，也比装懂更让人舒服。

我宁愿你是一个真实的反对者，也不想要一个虚伪的支持者。真实的反对者，可能暂时不让人舒服，但长远来看，这是真正的、值得信任的朋友；而虚伪的支持者，可能短期让你舒服了，但时间久了肯定会让你大不舒服。

6. 不骄奢

一般情况下，骄傲、傲慢的人，多半也奢侈，所以我把这两类人归在一起。

我身边的朋友里，洪泰基金创始合伙人、新东方集团董事长俞敏洪就是典型的朴素形象，每天背一个旧旧的包，穿着普通的衣服，说话也完全没有架子。还有樊登，永远穿着印有"樊登读书"LOGO的宽松的T恤或者套头衫，跟人总是笑呵呵的。但就算第一次见到他们的人，也绝不会觉得他们简单。他们越把自己当成普通人，给人的气质却越不凡了，只要跟他们交谈两句，你就会被他们的思想宽度和深度吸引，又不会有压力，相处非常舒服，在我心里，这样的人才是真正的大佬。

其实，真正的大企业家，成功人士，大都是非常谦和低调的，他们更愿意把自己活成一个普通人，根本不需要用外在的东西来证明自己的与众不同和所谓的优秀。

让人感觉舒服，就是最好的修养，不仰望不俯瞰，不卑不亢。尊重别人，也尊重自己。

划重点：

沟通中能让别人感到舒服是一件很了不起的事情，做一个让人舒服的人吧！你需要：不挑衅进攻、不刻意奉承、不随意评判、不喧哗、不虚伪、不骄奢。

本章节的工具卡：

要做到让人舒服，你至少可以做到以下几点，当你再和人说话的时候，记得带上这张工具卡：

1. 不进攻
2. 不刻意奉承
3. 随意评判和指责
4. 不喧哗
5. 不虚伪
6. 不骄奢傲慢

平等对话，不争无意义的输赢

在我女儿6岁的时候，我陪着她读了一遍《小王子》，女儿和儿子差距6岁，今年儿子6岁了，我陪着儿子又读了一遍《小王子》。每次想到这本书，就想起小王子的忧伤，你画的那只羊如果吃了我星球上唯一的花怎么办呢？

书中的"我"在小时候画了一个把大象吞下去的蟒蛇，可是给每一个大人看，大人都说这是一顶帽子，于是"我"再也不问了。直到长大后，有一天"我"和我的飞机掉到一个沙漠里，在那里"我"遇到了小王子，小王子请"我"帮他画一只羊，"我"画了一只，小王子说这不是他想要的，连续画了好几只，小王子都说不对，"我"干脆画了个盒子告诉小王子，羊就在里面，小王子反而欣喜若狂，是的，这就是我要的那只羊，小小的，它在盒子里睡着了。

书中的"我"不知道小王子对"羊"的标准，当"我"不再执着于画羊的时候，小王子却看到了那只他想要的"羊"。

《小王子》这本书之所以那么经典，就是在提醒我们这些自以为是的大人，即使是小孩也都有自己的思想和看法，大人其实有那么多的偏执、愚蠢和自以为是，却始终觉得自己是对的。

所以，每一个人对于事物的评价标准是截然不同的，你一定要用你的标准来评价他或者让他按照你的标准做事，那么最后不是双输，就是一个人沉默了，选择听从于另一方，或者干脆不表态，不告诉你他的真实想法，像个机器一样在你身边用你的标准工作、生活，也许很精准，但却没有热情、没有自驱，因为那只是你的标准，他始终无法将心注入。想想如果这个人是你的孩子，这是个多么可怕的事情，他的人生就是在过着拷贝、粘贴的大人的生活，完全丧失了发现和成就自我的乐趣。

在前面的章节我提到过这本书《不管教的勇气》，里面有提到对于孩子不管教就是既不表扬也不批评，只有在这样的方式下，才能让孩子真正对自己负责，成为一个心智完整、敢于担当的孩子，而不再依赖于或者过度关注于他人的评价。其实作为大人的我们又何尝不是如此？！

那么除了表扬和批评，我们还可以如何表达和沟通呢？

一、进行开放式沟通

比如"你觉得今天天气怎么样？"就是开放式沟通的开始，在你身边的人可以畅所欲言他对于今天天气的看法，有人也许会说不错，很晴朗，你可以继续问为什么不错啊？有人说有点糟糕了，你可以问他为什么糟糕啊？你们之间可以不断地递进，没有表扬也没有批评，只是分享彼此的观点。双方都可以好奇，都可以通过对话去了解对方是一个什么样的人，他关心什么，他看待事情的标准是什么，他会因为什么而影响情绪。

反之,"你觉得今天天气是不是很糟糕啊",这就是封闭式沟通,其实你已经预设了一个答案,就是"糟糕"。对方如果和你感觉正好一样,回答是,你们也许有共同语言成为知己。但如果说不是,你觉得和你不一样,有可能想说服他;或者他担心说不是会让你不开心,干脆回答是啊,然后就没有下文了。

在我们的生活中,总是提的是非题,你觉得这个人好不好?你觉得这个事情是不是应该这样做?你怎么可以这么做呢,你觉得你傻不傻啊?你是不是想和他一起玩,不和我玩……当这样的话一出去,其实结果就可以想到,你必须做出和我类似的,或者满足我心里答案的选择,否则对话就到此为止了。

所以,要想平等对话,首先懂得打开自己,也打开对方的话匣子,让对方可以安全而快乐地参与进来,不用担心被评判、被归队。

二、先讲一个故事吧

《小王子》风靡了这么多年,因为他讲了一个故事,一个写给大人看的关于孩子的故事。通过这个故事,我们明白了作为大人的愚蠢、傲慢和偏见,懂得了孩子的世界是那么美好单纯,又那么敏感脆弱。

故事没有评判,也不需要你去评判,却能让你有所思考和启发。

所以,有时候讲个故事也是平等沟通极好的方式,讲讲关于自己的故事,讲讲你最近看过的文章,或者听到的趣事,说说你对此事的看法。当然这只是你的看法,你也想听听其他人怎么看,当其他人遇到这样的事情会怎么做呢?

因为一个故事,你会创造一个场景和画面,很多人因此可以参与进来,身临其境，可以畅快地谈出他的观点。所以，随便聊一个故事，都可以开始一段平等而快乐的谈话。

三、恰当地"示弱"

对于我们成年人来说，最难的大概就是承认错误了，尤其是东方人，更难说出"对不起""我错了"这六个字，觉得说出这六个字好丢脸，会没有面子。

我的同事就曾经对我说，老板，为什么我们意见不同的时候就非得听你的，你的也未必就对。我的女儿也曾经跟我说，妈妈，你总是以为你了解我，其实你根本不知道我真实的想法。

其实当他们说出这样的话时，正是一个暗号，一个要求建立平等沟通的暗号，说明他们觉得不平等，他们话里有话，他们想和你讨论观点，希望被听到和被尊重。这个时候，如果我们觉得受到挑战，回答"你在说什么呢""你就得听我的"，这次对话基本完了，而且你的同事、你的女儿都会放弃再和你平等交流的意愿，你把平等沟通的机会毁掉了，我曾经就毁掉过无数次这样的机会还浑然不知。

所以，这时候我们要说的不是"你说什么！你就得听我的"，而是"对不起，也许我错了，你能不能说说你的观点，我想听你说""对不起，我可能忽视了你的真实想法，你能告诉我吗？"这样，我们才能挽救一个平等的，甚至深入的对话；我们才有可能挽回身边你最亲近也最在乎的人，建立真正亲密的、无话不谈的关系。

四、不要凡事"讲道理"

很多事情真的没有道理可言，我是一个超级逻辑脑，大概之前在世界 500 强工作了很长时间，且一直和战略打交道，所以，凡事都喜欢讲道理、讲逻辑，有原则有标准坚决按照原则和标准办事，没有原则就努力设定原则。

有一段时间，当同事跟我讲一件事情，我发现逻辑混乱的时候，就非常不耐烦，不等他讲完就会强行打断，"你到底想讲什么""你的理由是什么""你讲的事情毫无道理，这样沟通太低效了"。有一天，一个 89 年的女孩说着说着就怒了："你能不能耐心听我说完，我还没有讲完，你就打断了，我觉得我很有道理，你凭什么说我没道理。"她一急，我反而安静下来，一句话不说，等她全部讲完，我终于明白她确实有她的道理，只是她把我想听的道理放在了最后，而不是前面或者中间。

还有，她对事情的看法也很有她的态度，和我理解的"道理"不一样，她更看重大家的感受，对于年轻人来说道理和逻辑没有那么重要，感受更重要，大家不会为道理买单，却会为感同身受、"我们是一类人"而买单。

所以，其实"讲道理"有时候并不是平等沟通，放下"道理"，谈谈感情，反而能够建立起更强的同理心和认同感。

曾国藩说过"天下惟忘机可以消众机，惟懵懂可以被不祥"，意思是只有先放下自己心眼心思和主观臆断，难得糊涂、保持善良，才能让绝大多数人的心眼和盘算消除，让绝大多数人的矛盾和怨愤消失。那么让我们单纯一点吧，学习如何平等地、不加评判地沟通；懵懂一点吧，有时候输赢和对错真的不像我们以为的那么重要，那些在你身边的、愿意和你交流的人其实更加重要。

划重点：

沟通的目的不是为了争输赢。就像《小王子》揭示的那样，开放式的沟通、适时穿插一些小故事更能让对话顺利进行。另外，恰当地"示弱"以及在对话中投入更多真情实感、避免过多地讲道理，也能让谈话对象体会到平等和尊重。

本章节的工具卡：

尝试两个小练习吧，也许你觉得很难。

1. 连续 30 分钟，只问开放性问题，一旦封闭式问题你就输了。

什么是开放式，就是给出一个问答题，让对方滔滔不绝陈述场景和回答。

什么是封闭式，就是给出一个选择题，只有 YES/NO 这样唯一性的选择。

2. 学习一下示弱，和看起来比你弱小的人真诚地道歉，说出"对不起""我错了"。

像朋友一样和你的孩子交流

这是很多年前,当我的女儿只有 4 岁的时候,我随手记录的文章,今天收录在这里,不仅想提醒我,也想提醒你,在交流上,孩子是你最好的老师,如果你能像朋友一样和你的孩子交流,那么你就可以像朋友一样和每一个人建立最美好的沟通关系。

一、当孩子知道了人生除了美丽还会有意外的时候

10 月的一天晚上,尧尧临睡前突然大哭起来,当灯关掉的时候,她叫起来:我不要地震,我不要地震,妈妈我怕。我问她为什么会地震呢,是不是学校里收到什么讯息?尧尧只是摇头,但是眼泪已经哗啦啦地流下来,不断地说我怕。

于是我跟她说三只小猪的故事,只有像猪大哥和猪二哥那样偷工减料,用木头、稻草或者不牢固的材料建造的房子才会被地震震垮掉,像

猪小弟用石块建起来的房子是不会被震垮的，我们的房子是结实的，是用钢筋和水泥做起来的，地震来了也不容易倒塌。于是，女儿问，那什么是钢筋呢，我说就像孙悟空的金箍棒一样粗细，很结实，把整个房子撑了起来。尧尧听了似乎对地震放心了。

尽管这样讲让女儿放心了，可是自己内心却觉得有些不安，小猪的故事毕竟是童话，如果真的有地震，还真的需要掌握一些防震的保护措施，这一点自己做得不好，回头要补课，再好好跟女儿讲。

可是还没过一分钟，尧尧又大哭起来，妈妈有坏人，坏人手里有枪，我怕。我连忙说有妈妈在不怕，只要不要一个人待着，出门一定要牵着爸爸妈妈的手，就不会有坏人。尧尧还是说怕，我说那下周让爸爸带你去学跆拳道好不好，有坏人我们就把他打趴下，尧尧哭着说，没用，坏人有枪。我不知道女儿今天连续大哭的原因，但是一定是有一些讯息让小小的她产生了不好的记忆。我问她是不是学校里听到什么了，或者在电视里看到什么，她只是一个劲地摇头、哭。

既然女儿知道了有坏人，而且知道了有些坏人手里真的有枪怎么办？我只能认真地思考这个问题，我跟她说，如果你一个人在家里，有人敲门一定不能开，即使是有爸爸妈妈在家，有人敲门你也不能自己一个人跑去开门；出门一定要和爸爸妈妈在一起。即使真的碰到了坏人，记住你是天使，你可以给他讲故事，教他唱歌，天使是可以把坏人变成好人的。尧尧听了似乎好一些，可还是会说妈妈我怕坏人。

在回答完这个问题，我突然意识到孩子总有一天会走出童话世界，面对一个复杂的世界，我很想知道：作为一个合格的家长和老师，面对这样的问题应该如何引导呢？

孩子一天一天长大了，在今年5月的时候孩子一下知道了人会老去，人有生死，会说，妈妈我不要你死，我长大了，你都老了。而在 10 月的时候孩子知道了人生会有意外的可能，在我们身边不仅有好人还有看不见的坏人，当孩子遇到这些问题的时候，我们是继续用童话的方式去跟孩子沟通，让她继续活在一个美丽的世界里，还是告诉她预防的方式？大人们总需要面对孩子一天天对这个世界更加多元的认识。

我用了天使感化的方式，但是在现实生活中其实有点不可取。第二天，我和尧尧爸爸说了这事之后，尧尧爸爸的反应是：当小朋友遇到坏人的时候，一定要大声喊，让旁边的人听到，可以及时赶过来，大人可以过来帮助，坏人一害怕就逃跑了

还有呢？让孩子记住父母的电话和 110 的电话，一有机会就要打电话出去。

还有呢？也许有一天学校可以有一个家长活动会，我们可以和孩子、和老师做一个头脑风暴，去用轻松的方式客观地面对这样的事情，让孩子一起参与进来。

成长中，孩子会遇到越来越多的问题，而正视这些问题并且找到合适的回答方式是家长和老师都要思考的，既让她了解这个世界的复杂性，又仍然保持她快乐而积极的心态，对这个世界依旧充满安全感。

二、学着用更多的互动和启发式问题来给孩子讲故事

不久前，在微博上看到一个关于教育的文章，文章说的是，在课堂上同样讲《灰姑娘》，美国和中国完全是两种不一样的教育方式。美国老师总是在问问题，问的问题开放而多元，让孩子们去想每个角色为什么那样做，如果你站在他的位置，你会怎么做。包括那个继母，她为什

么不肯让灰姑娘去参加舞会,如果你是灰姑娘的继母,你是否会阻止灰姑娘去。当启发孩子们讨论时,发现背后都有一个正面的理由。从这样的启发中孩子们看到了人性,也懂得了积极正向地思考问题,以及在故事中有了想象空间和学会了包容。

但是中国的老师讲《灰姑娘》却是封闭的,只有书上的正确答案,却没有其他的空间,授课是标准化的、毫无情感表达的:谁来给大家分个段,并说明一下分段的理由?这句话是明喻还是暗喻,全文体现了什么主题思想?看完以后,我对这样的教育方式有所担心,也从美国式的教学引导中学到了,给孩子讲故事不是仅仅为了讲,而是一个启发思维、建立积极正向的心态和引导孩子多元看世界的方式。所以,现在再跟孩子讲故事的时候,我都会想着多问几个问题:他为什么会选择那么做?如果是你,你会怎么做呢?如果他那样对你,你会怎么样处理呢?

前几日在陪女儿睡觉的时候,女儿让我讲一个她很熟悉的故事,龟兔赛跑。

在讲完这个故事时,我问她乌龟为什么要和兔子赛跑呢?尧尧回答:因为乌龟知道兔子会睡觉。我问为什么他知道兔子会睡觉呢?尧尧回答因为兔子看上去很困。我又问:如果兔子不睡觉会怎样呢?尧尧回答乌龟就不会赢了。那如果兔子不睡觉乌龟还能赢,那是为什么呢?尧尧说因为兔子太高兴了,结果跑错道了,等他发现的时候,乌龟已经到了。那么,兔子和乌龟你更喜欢哪个呢?喜欢兔子,因为兔子比乌龟可爱,如果我也养一只兔子,我可以教它好好睡觉,不要那么困去跑步。

看,小朋友的创造力和想象力多么强大,她的想法总是和我们不一样,但是却那么丰富。多问一些为什么,简单的故事后面又可以创造出更多的故事。

三、和孩子做一做换位的练习，孩子当妈妈我当孩子

我经常会有一些奇怪的想法，比如尧尧有一阵特别喜欢扮演妈妈，在家里也会跟我说，你当宝宝，我当妈妈好不好。那我一定会顺着她的想法说好，因为好像自己的心里也住着一个跟尧尧一样的小小孩，当尧尧小手拍着我的时候，我觉得心里的小孩甚至比尧尧还要小。

当小尧尧在做妈妈的时候，我甚至觉得她比我还像一个称职的妈妈。有一天，当我和尧尧换着当妈妈时，我觉得尧尧在几个方面比我做的还好：

绝对以身作则。这一天宝宝吃饭最快，睡觉最快，看电视到点自己关机，说到做到。

天使般的眼神和表情。宝贝拍我睡觉时感受她的专注和宁静，天使也不过如此。小手那么轻柔，还会给你轻轻地盖好被子。

无穷的想象力。小宝贝讲故事真是顺口就来，强。

下面是尧尧11月哄妈妈睡觉时随口编出的几个小白天鹅系列故事。11月3日中午给妈妈讲了5集，可是讲了3集妈妈就快睡着了，后面两集就没有记下来。如果全部记下来，应该就是一本好看的儿童绘本了吧。

第一集：白天鹅生宝宝。

有一天，有一个天鹅妈妈很寂寞，因为她没有宝宝，她每一天都跟和尚说，和尚，和尚，请给我一个宝宝吧，结果和尚终于答应了。有一天她发现她的肚子大了起来，结果就生出了一个大大的蛋，天鹅妈妈整天坐在蛋上面，就让天鹅爸爸去找吃的，有一天那个蛋变成了一只小白天鹅，妈妈就再也不会寂寞，他们就过上了幸福的生活。

第二集：小白天鹅和小红狐狸。

有一天，小白天鹅特别寂寞，因为他没有朋友，他在路上走着走着，遇到了一只小红狐狸，小白天鹅说：小红狐狸，你能做我的朋友吗？但是你不能咬我。小红狐狸说好的。小白天鹅和小红狐狸玩得非常高兴，他们每天都要一起玩。有一天，小白天鹅要和妈妈出去旅行，他只能和小红狐狸说再见，说后天我们再一起玩吧。

第三集：小白天鹅想做冰激凌。

小白天鹅想做冰激凌，有一天，他终于找到一个老师可以教他了，那个老师说请问你是白天鹅吗，他说是的，老师说好吧，我可以教你。他们就一起做出了好吃的冰激凌。后来，他们把自己做的冰激凌带给爸爸妈妈吃，在回家的路上，他们遇到了一个圆咕隆咚等的东西滚下来，他们看到都笑死了，因为他们发现原来是一个小鸡摔了一个大屁墩。他们把冰激凌分给小鸡吃了一个，自己也吃了一个，剩下两个带回去给爸爸妈妈吃了。

如果妈妈把孩子讲的故事认真地记下来，这是多有意思的事情啊，你会发现，其实，每个孩子都是一个故事大王，如果你能给她一个充分的表达空间，像对待一个好朋友那样欣赏和倾听他们的创造力，我们的孩子将一直这样优秀下去，充满了想象力和创造力。

划重点：

孩子是人一生中非常重要的沟通对象。孩子迟早有一天会长大，不要让大人对童话的理解限制了孩子的成长和认知。像朋友一样和孩子交流，尝试角色互换的游戏，用开放式的问题去引导和启发他们，将有助于塑造他们的想象力和创造力，影响孩子往后的人生。

本章节的工具卡：

拿半天或者一天做一个小的游戏，你可以选择下面两种方式：

1. 和你的孩子换个角色，你当一天孩子，让她／他当一天家长；

2. 和你的团队成员做一个团建，你当员工，让他们轮流当领导进行一个主题化的讨论和决策。

感受一下，也许有很不一样的收获。

第五章 改变第五步：敢于归零的勇气

我们到底希望过怎样的生活？

我们希望活出怎样的人生？

焦虑时代，有几样事情一定会回归

连续几年罗辑思维的罗振宇在电视上跨年，也大肆"贩卖"着这个时代各种变量带给大家的知识焦虑。关于这个时代，你不知道外部的变化你还能简单地生活，当你信息越来越多，你看到那么多成功的人因为抓住时代机会而快速崛起，你因为知道反而充满焦虑感。每个人都希望改变，却不知道从何着手。2019 年，大家都觉得是在谷底的一年，到 2020 年一定会比 2019 年好一点。没想到美团王兴的那句话竟成了真相：你以为 2019 年是过去 10 年最坏的一年，却是未来 10 年最好的一年。

2020 年，中国遭遇了千年不遇的全球性大灾难，新冠疫情，战役变成了战疫。从 1 月份到 4 月份，中国经济停摆，大量的线下经济遭受重创，人们待在家里就是为国家做贡献。家国一心共同奋战了几个月，4 月份中国终于控制住了疫情，逐步复工复学了，可是全球疫情又严重了，每个待在家里的人都产生了一定程度的焦虑。面对这样的焦虑，我们又该如何自处呢？

汽车之家的创始人李想在疫情下写了这样一段话广为流传：过去至少 40% 的会议都是在浪费时间，为内部低效的信息流通方式和不过脑子的猪队友埋单。

至少 60% 的出差都是在浪费时间，大部分事情你去不去其实什么影响也没有，只是跑过去刷个脸，互相找个安全感，刷个存在感。

至少 80% 的商务社交和公开会议都是在浪费时间，一群不知道自己想要什么、看不清本质的人一起刷存在感，比谁更糊涂、更没脑子、更没安全感，相互感染，群体陶醉。

疫情让我们回归了事情运转的本质，结果反而更好了，内心也更踏实了。

这段话有的人不喜欢，毕竟很多出差、社交、会议都是为了结果铺垫的必要过程，但这段话之所以让大量职场人士转发，说明当我们停下来的时候，发现我们不断像齿轮一样快速运转的工作或者生活，其实有太多值得反思和检讨的地方，我们的各种忙碌、各种焦虑是否真的有效？

这样长时间的停摆，让我们有了更多的思考空间，所以我相信在各种忙碌和焦虑之后，人们还是会回到正常、积极的轨道上来，有几样东西一定会回归，成为我们内心真正坚持和向往的。

一、健康的生活方式一定会回归

· 我们到底希望过怎样的生活？
· 我们希望活出怎样的人生？
· 我们想给予自己和他人怎样的认同感和期待感？
· 我们内在的安全感和舒适感来自哪里？

· 什么能够带给我们喜悦，什么能够带给我们成长？

有一段时间看不进去书，从早到晚拿着手机，追逐着各种成功的项目、新鲜的故事。有时候拿着手机一刷就到了深夜，不好好吃饭，不好好睡觉。而在 2020 年停摆的这几个月，终于可以放下手机，认认真真地和家人待在一起，认认真真地感受家人、孩子、书本、大自然，惬意地泡茶晒太阳，边读书边在旁边写上一堆注脚。很久没有好好给家人做顿饭，疫情下老人和阿姨都无法到家，连续几个月需要自己动手为家人做一日三餐。其实研究研究菜谱，认真地设计营养早餐，用红的、绿的设计一个精致的摆盘，也是非常美好的事，每一顿看到孩子们把碗里所有的饭菜吃的精光，心里充满了满足感，问一句：好吃吗？孩子们说：妈妈做的菜最好吃了。竟然觉得这就是天下最好的赞美了。

晚上和孩子一起拿起瑜伽垫做做瑜伽，压压腿，聊聊天，听听孩子讲讲：妈妈你知道吗？过去工作那么忙，一年都不如一个月听到的"你知道吗"多，和孩子们处得越来越像姐妹。

在疫情下的三个月，家里变成了一个小型动物园，养了两只乌龟、一只折耳英短小咪，一只一个月大的黑兔兔叫小绒绒，还有一群蝌蚪。第一天小咪来到家里，不敢把猫放进房间，生怕猫爬到床上，于是就把小咪放在了客厅，给它在沙发上放了垫子，没想到它第一天到了新家，原来是要人陪的，晚上在门外叫了好久。之后的一个多月我都要为第一晚为它疗伤。整整一周，它一看到我要关门或者关灯，就飞一样地冲过来躲在床下，除了吃点猫粮和上厕所，整天都不肯出来，害我内疚了好久。

后来我们从生怕小咪爬上床，到每天给它留着门，在床上给它铺一个小毯子，把它抱上来一起睡。这只小咪成为家里团宠般的存在，无论它跑到谁的床上睡觉，家里的成员就会快乐地说：小咪到我床上睡觉啦。

小咪来了以后对小乌龟很好奇，总是伸头到养乌龟的水箱里看，有时还喝水箱里的脏水，我们不得已把池子盖上盖子，小咪就会蹲在旁边，静静地看着我们，似乎跟我们说，我只是想和它玩。

小兔兔比小咪晚来，一个刚刚满月、全身长满黑色的小绒毛，因为兔兔是弟弟从他的幼儿园领养的，所以名字让弟弟给它起，弟弟说叫它绒绒吧，你看它全身都是毛茸茸的。

小兔兔来了以后，小咪更加好奇了，每天从各个角度观察小绒绒，鼻子刚凑到绒绒的笼子边，绒绒就冲过来闻小咪，把小咪吓一跳。之后他们就变成这样的关系：小咪像个老爸爸一样守在绒绒身边，绒绒在房间里到处跑，小咪就跟在后面，如果要离开客厅，小咪就会把它拦回来。每次小咪想凑过去闻闻绒绒，绒绒就会立刻冲过来，把小咪吓跑，在距离一米的地方关注着绒绒。

我们一家都爱上了这些新的小"家人"，可爱而生动，每个人回来都先问小咪呢？抱抱小咪，再喂喂绒绒，然后看看小乌龟的水要不要换，龟粮还有没有。家里阳台上还种了很多蔬菜的种子，客厅和卧室每周都摆上了好看的鲜花。这次疫情，让我们把大自然搬到了家里。

当自己静下来、慢下来的时候，才能看到生活，才能参与到真实的世界里；才能有体验，去倾听和触摸生活。

这几天在看《相信未来》的大型义演直播，主持人汪涵说，这几个月天天追着自己5岁的孩子在家里跑来跑去，陪着他成长，看着他每天慢慢的期待，觉得这也是很好的生活。

二、对生命的敬畏和珍视一定会回归

- 生命对我意味着什么?
- 如果我的生命明天就会终结,我希望今天去做点什么?
- 如果生命转瞬即逝,我们又如何过好我们的一生?
- 在我的生命里,什么才是最重要的那个部分?

这几年我有几位年轻的朋友猝死,有 30 多岁、40 多岁的,都是非常通晓人情世故的好人,事业上小有成就,都是人群中的领导者和影响者,可是猝死说明了什么呢? 糟糕的身体状态和心理状态! 他们关心了很多人,却没有真正关心自己和家人。他们关心事业、关心金钱、关心能否上市、关心成就和地位,却没有关心生命。

昨天看到一篇文章: "他们总是熬着最久的夜,敷着最贵的面膜,拥有艳丽的颜值和令人艳羡的财富,却肆意消耗着屈指可数的岁月。" 这何尝不是在嘲笑着自以为聪明的我们。

2020 年这场疫情是摆在所有人面前的一次生命大考,短短一个月时间,武汉一座城就逝去了那么多曾经鲜活的生命,"无症状感染"又让每个人的生命增加了一丝不确定性。顿时,"除了生死,一切都不是大事"变成了当下最深刻的哲理。

那么多的逝去,让我们重新敬畏生命。我们开始问候长久没有主动联系的远在千里之外的老父老母,他们的身体安好对于子女来说是从未有过的重要。过去我们成天为工作焦虑,为赚钱焦虑,为孩子教育焦虑,当我们慢下来的时候,经常会想到父母。在疫情下,我开始习惯每周给家里打个电话,天气好的时候到户外散步或者游玩也会和家人做个连线视频电话。我们开始锻炼身体,即使不能外出和奔跑,也要在家里保持适度的运动，不敢再熬整宿整宿的夜，没睡好中午也有了时间补个觉。

只有你敬畏和珍视生命，生命才会保护和尊重你。我们才能够健康地尝试更多我们想尝试的人生。

如果生命终将逝去，我们应该努力做一个自己真正想成为的人吧，用力地活好每一天，让每一天都和昨天不一样。

如果生命终将逝去，我们应该把自己所有的愿望写一个清单，不要等待明天，从今天开始就努力去做吧。

如果生命终将逝去，我们应该活出一个不一样的姿态，无论在别人眼中如何，在自己心里，我是美的，是值得的，活过、爱过、追求过、努力过、绽放过。

三、人性中坚持的正直和善良、勇气一定会回归

一个人最难的不是认识他人和认识世界，最难的在于认知人性，还有认识和掌控自己的人性。

我们的人生中会看到太多人性，有金钱和短线驱使的人性，成就和焦虑驱使的人性，也有始终坚持正直和善良的人性。在新的一年，包括未来我相信那些跨越种族、地域、年龄、性别，在历史发展的长河中推动人类文明进步的品质会重新回归！

2020年的疫情让人与人通过隔离拉开了距离，但心里产生了最强的联系和期待，希望每个人都健康、活着；让全球化进程遭到了阻隔，国家交通关闭，可是全球化的战疫又紧密相连，各种疫情物资和科技化手段彼此支持。当中国成为重灾区的时候，我们看到日本发来的物资上写着"山川异域，风月同天""岂曰无衣，与子同裳""青山一道同云雨，

明月何曾是两乡"。当海外成为重灾区的时候，我们同样派出援助医疗队和成倍捐出战疫物资，给法国的物资上写着"千里同好，坚于金石"，给意大利的"云海荡朝日，春色任天涯"，回馈日本"青山一道，同担风雨"。这是国家之间的正义和善良。

而疫情下，那么多医疗人员逆风前行，放弃春节和家人的团聚，冒着生命危险赶赴最危险的湖北前线。这是同胞之间的真心、无畏和善良。李文亮因新冠肺炎去世，全国人民在朋友圈为其哀悼，从2月7日到5月7日，他的微博留言竟成了每一个善良的人倾诉心里话的港湾，因为这个人那么年轻、那么热爱生活，是个勇敢的普通人，因为每个人心里都有一个热爱生活却又无畏且勇敢的"逆行者"。

电影《无问西东》里有一句话我很喜欢：这个世界缺的不是完美的人，而是从心底给出的真心、正义、无畏和同情。保持真心，保持同情，因为善良，让我们有了最基本的行为底线和道德准绳，不做害人的事，懂得爱与同情、包容与接纳。

坚持正直和正义。让我们在对的路上前行，秉持正向的价值观，贫贱不移、富贵不淫，敢于向自己开炮，只做问心无愧的事。

诚信守诺。首先要对自己诚实守信，然后对他人诚实守信、做人做事做生意皆如是，不欺诈、不狡辩。老实在今天这个时代似乎过时了，但是2020年我们大概会回归做一个实诚的人，说真话、做实事、诚信为本。

保持勇敢。没有什么比勇气更能激发我们成长，无论是对或错，无论过去种种是喜是悲，唯有勇气让我们继续提起双腿向前奔跑，继续乐观地面对世界变化，不怕输、不畏惧、不放弃，努力而坚韧地去创造、去坚持。

四、对价值的追求一定会回归

什么是价值呢？就是对我有帮助、有用的东西。可以是物质的、情感的，也可以是精神的。2019 年有一部大火的影片《哪吒之魔童降世》，这部片我到电影院刷了三遍，在网上又看了几遍。《哪吒》成为中国影史上第二卖座的影片，它没有满足我们物质需求，但是却满足了各个年龄段精神层面的价值：每个人都希望冲破世俗的偏见，"我命由我不由天"，走不一样的路却始终保持正义、善良、自由。主人公哪吒也许很丑，在他人眼中是个十恶不赦的魔童，可是在最艰难的时候牺牲自己拯救他人。哪吒父母也改写了以往的印象，我的孩子就是我的孩子，即使老天爷说他是魔童，也是我的孩子，我相信他，愿意牺牲自己换取他一生的快乐。

这是精神层面的价值，比物质层面更加令人回味和惦记。

所以什么是价值呢？我的解释就是三个环节：用户 + 产品 + 需求的整合关系，一定提供了一个好产品，满足了需求方的某种需求，要么更有效、要么更美好、要么更丰盛。这里面缺了任何一环，都不是价值。

而在实现价值的路上，还要有一颗真挚的创造价值的心。去年过年去了台湾，在台湾花莲吃正义包子，包子特别便宜，每个台币 5 元钱（相当于 1 元钱人民币），我们的导游跟我们讲他们只开了这么一家，因为开多了他们认为就不是一个味道了，他们做包子首要的目的不是赚更多的钱，而是让来的每个客户都能吃到最好吃的包子，每个客户都满意而归。还有在台北逛诚品最老的一家店诚品敦南店，在去的路上和出租车司机聊起来创建人去年去世了，我看过写他的文章，亏损了 15 年，因为太小众，很多次都走投无路，司机说其实这个世界有很多人并不是为钱活的，他真的就是为了想传递一些美的东西。逛完诚品店，又忍不住去看了一堆吴清友的文章，他在 2014 年曾经讲到，没有钱，诚品活不下去，但是如果没有文化，我也不想活了。这就是坚持创造价值的心。

在实现价值的路上，还要有创造价值的能力和耐力。在我看来，其实就是认认真真去做一个好产品，做一个实实在在看得见摸得着用得上的产品。而这个过程，是创新和改变能力的综合体现，也是对商业行为和价值创造的最基本要求。

2020 年很难，未来也许还会更难，但我仍然坚定地看好未来，因为裂缝处就是光亮照进来的地方。丘吉尔说过"不要浪费任何一次危机"，我们身处焦虑，面对危机，如果能够冷静、健康、快乐、善良和正义，我们就将面对最大的机会。也许整个大环境充满变数，但是人性的多样性决定了人们一定会反思和回归，真正对的事情和最好的改变也会纷至沓来！

划重点：

<u>在这个普遍焦虑的时代，我们有必要对自己做一次整理，将过往归零然后重新出发。在新的征途上，坚持健康的生活方式、坚持对生命的敬畏、坚持正义、坚持对价值的追求。</u>

本章节的工具卡：

当静下心来时，问问自己这样几个问题，把答案写下来：

1. 我们到底希望过怎样的生活？
2. 我们希望活出怎样的人生？
3. 我们想给予自己和他人怎样的认同感和期待感？
4. 我们内在的安全感和舒适感来自于哪里？
5. 什么能够带给我们喜悦？
6. 什么能够带给我们成长？
7. 生命对我意味着什么？
8. 如果我的生命明天就会终结，我希望今天去做点什么？
9. 如果生命转瞬即逝，我们又如何过好我们的一生？
10. 在我的生命里，什么才是最重要的那个部分？

每一次改变,都是一次归零

我们时常对着可连接世界的电脑、手机,却感叹生活的无趣;

我们时常希望自己变得美丽自信、摇曳生姿,却任由健身房的年卡自动过期无动于衷;

我们时常羡慕那些能说一嘴流利外语看剧不用字幕的人,却舍不得花点心思去背背单词语法……

为什么很多人的人生越活越单调、越活越不丰富?因为不敢开始、害怕结束。

一、不敢开始

人总是受惯性思维的影响,被"不敢开始"的观念限制着。生活中其实有很多事情想要做,可是不敢开始,不敢迈出这一步。主要在于内心对失败的恐惧,如果开始之后,没有做好怎么办,出了问题怎么办。

对一个小孩子来说，他没有很多过去的经验，他对这个世界充满好奇，什么都想去尝试，什么都会去做做看。而对于一个成年人，却往往会有很多顾虑。我们总以为自己是在不断积累经验，却忽视了畏难心理和对失败的恐惧也是在不断累积的。

你还没有开始，怎么知道自己做不好呢？所以，你必须有一个新的开始，必须去尝试一下，成为一个掌控者。你会发现其中的乐趣，一切都会变得完全不同。

这时，可以进行一次假设：假如我开始做了，会怎么样，会带来什么样的价值。所有的一切都在你心里进行着，你会产生与众不同的体验。你会成为什么样的人，释放出什么样的价值，给你的工作、生活和身边和朋友带来什么样的感受和改变。

凡事预则立，不预则废。当你体会到其中的乐趣，你就会产生走出去的动力。

做事情一定要建立正向思维，从积极的角度考虑问题，这样才能收获到行动的乐趣，找到属于自己的快乐和天地。

二、害怕结束

有些人终于开始了，却惧怕结束，因为结束就意味着面对结果的好坏，意味着要面对一个未知的新的开始，意味着不可见的未来。如果你开始了一件事，始终没有让它结束，那么它将会从乐趣转变为忧心，产生很大的负面心理。

最近，我就发现了自己存在一个阻力，主要是在写书这件事上。今年承诺了要写出两本书，但是日常其他的工作会挤压自己大量的时间，总是希望空出大段的时间来构思和写作，实际上用来写作的时间总是变得很少。所以，计划完成书籍的时间被拖延了多次。一想到这本书结束的时间要到了，我就会产生一定的焦虑。其实，反过来想，如果按时间完成一本自己满意的书籍，在确定的时间真的做出来了，对自己的时间管理和阶段性总结，都将是一种极大的鼓励和自信。

所以，不是你不行，而是你没有试着去结束一件事。你眼前的这件事一旦结束，性质就完全不同了。如果你能完成一件事，哪怕是极其微小的事，将会非常有意义。

如何去调整自己，避免走进不断重复而平庸的困境呢？

三、让自己保持空杯心态

所谓的"空杯心态"就是归零、谦虚的心态，就是重新开始。它要求我们不能沉迷过去，要不断调整自己去适应新的变化。空杯心态的本质就是挑战自我，永不满足。

在我们的生活中，为什么有人可以经历第一次的成功，却无法实现第二次的飞跃呢？为什么有人总是在各种重负下踟蹰前行，却丝毫感受不到愉快轻松呢？为什么有人总是沉浸在过去的光环里难以自拔，而找不到出口呢？那是因为他们总是在不断地填充、填充，却忘记了自己可以承受的空间，忘记了随时对自己清空、减负。

马斯洛说："心态若改变，态度跟着改变；态度改变，习惯跟着改变；习惯改变，性格跟着改变；性格改变，人生就跟着改变。"

时常想想自己过往的经验哪些已经成为负累，适时给自己"格式化"，让自己处于"空杯"状态，才能真的静下来，学进去。

四、主动归零，做好危机管理

Intel 的前总裁格鲁夫每个月都会以董事会的名义，给自己写一个辞退报告：格鲁夫，你上个月干得如何不好；你造成了什么样的经营问题，导致公司现在是如何运转失灵；你管理上出现了哪些很大的漏洞……所以我们现在决定要把你解雇！当然，这个"解雇"是虚拟的。面对这样的"解雇"，格鲁夫会给自己做出一个申辩：我在过去的这一个月所做的哪些事情是不对的，我应该怎么做；对董事会提出的这些问题，我想出了几点整改措施……从经营上和管理上列出一条条措施。

每个月他都要把自己解聘一次，然后再重新雇佣一次，因为他有一句著名语录——只有偏执狂才能够生存！——这其实是一种强烈的危机意识。因此在 1987—1997 年的 10 年间，在格鲁夫领导下的 Intel 公司每年返还给投资者的平均回报率高于 44%。

格鲁夫的做法可以说是人生危机管理。其实危机管理，就是在现实让你被迫清零之前，你自己先主动归零。

有些企业高管从公司离职以后为什么会无所适从？是因为他们平常没有对自己现在的这种状态进行反省，我到底拥有多少能力？我的能力是否能够胜任这个岗位？如果有一天我"被离职"了，我还剩下什么……就像爱因斯坦曾说过的：我得到的这些东西，跟我付出的这些东西是不是匹配的；如果一个突发性情景出现的时候，我是不是就一无所有了？

其实个人的职业生涯会有很多的意外和变数。一些你压根儿就意识不到的偶然因素会把你引以为荣的东西或者是赖以生存的基础一下子击得粉碎。

假如我是一个乞丐的话，我是不是一个优秀的乞丐？这是一个很有意义的问题。在你原有的资源没有枯竭之前,在你的能力还没有归零之前,你能够定期地反省自己,回顾自己所处的状态或是阶段。佛家讲"如实观照",就是跳出自己,用第三者的眼光来重新审视自己、向内观。这个固定的周期,可以是一个月或是一周,也可以像《论语》说的"吾日三省吾身"。

我们必须把过去的所有一切都拿掉,都归零,不是用过去种种人生的经验来自我局限,而是用一种全新的角度去看待这个世界。

所谓归零,不是与过去的自己过不去或是彻底决裂,更不是违背客观规律乱来,而是以全新的视角,重新审视过去的一切,重新去思考一些理念和想法,以求新的突破。

我们每个人的成长,或多或少地会遭遇瓶颈。我一直都认为,历史发展的道路和我们成长的道路,在一些事情上,总是相通并且不变的。我们每个人的成长都需要一次又一次地归零,就像铸造一把名刀,锤打、淬火、回火,然后再锤打、淬火、回火,重复几十上百次,直到成型。

所以,当你觉得上天无路入地无门的时候,别忘了,那只是人生中发生的一个小事件而已,你还可以,从头再来。

划重点:

归零很难,放弃很容易。为什么很多人的人生越活越单调、越活越不丰富?因为不敢开始、懒得放弃。要想解决这个问题,就要时常给自己归零。学会归零,要常怀空杯心态,放下过往的荣耀和挫败;定期给自己做危机管理，培养自己的危机意识。

本章节的工具卡：

做一个归零的练习吧，看看你的重新开启能力是不是足够强大。

如果现在你身无分文、经济进入了从未有过的困境，你需要去做3件事让自己走出困境你会怎么办？

如果你的家人和朋友都误解你，都离你而去，你需要去做3件事让自己走出困境你会怎么办？

如果你的工作伙伴都觉得你做的事情没有前途，纷纷离你而去，你可能很快会被裁员，或者你的企业很快就面临破产，你需要去做3件事让自己走出困境你会怎么办？

试着静下来写一写吧，人生并不总是都在低谷，但是你要有勇敢面对低谷，重新开启的勇气和行动。

保持好奇，比热爱学习更重要

复旦大学陈果老师在《你好，好奇心》的演讲里说过："世界上所有伟大的东西，就像在人类文明史上，开出的一朵优美的花，但是你要知道，这一切优美的花，都来自好奇心这颗种子。你的内心在想到好奇心的时候会出现一个好奇心的第一幅肖像，那就是一个问号。"

一、好奇心的重要作用

为什么好奇心这么重要呢？

因为它是人类发展不可忽视的动力，人的一生所能接触到、所理解的事物占世界的万分之一都不及，我们需要时刻对世界保持好奇心，就像孩童般。

文学家汪曾祺就是一个对生活充满好奇心的人。

他热爱生活，一直生活在人间烟火之中，用一双好奇的眼睛打量着这个世界,所以他写出来的作品都是充满生活趣味的。

写字、画画、做饭,明明是平常普通的日常,他却深得其中的乐趣。再平凡的一个景,经过汪曾祺一画,就美得一塌糊涂。他的字"涂鸦"到了何处,何处便有了画境。

正是因为一颗好奇心,汪曾祺的生活便趣味横生。每一个普通的日子,都让他过出了花一样的感觉。

二、如何保持好奇心

你看,历史上那么多的名家大师,都是保持了最原始的好奇心,才让自己的生活变得有滋有味,那么我们应该如何保持自己的好奇心呢?

1. 在细节中发现变化,就像孩子般的纯粹。

观察自己周围生活的变化,留心周围人和事物的改变,你会发现原来我们身边时刻在发生变化。

劳拉·麦金纳尼曾是一名在麦当劳打工的普通大学生,在每天早餐的工作时间段里,她要经手 400 多个鸡蛋,不断重复把鸡蛋敲碎、打散、煎熟、取出的过程。这是一项极其枯燥的工作。以她的能力来说,她也不会甘于做这样的工作。

但是渐渐地,她开始对鸡蛋感兴趣,开始思考鸡蛋是怎么凝固的。她突然觉得眼前的每个鸡蛋都变成了一个小型战场,蛋白质在和"热量"激烈奋战。她开始像孩子一样认真地观察每一个鸡蛋,看看哪个位置上的蛋白质最先战败,有时候是中间的,有时候是边上的。

因为鸡蛋,她又联想到在历史课上,老师曾讲到在魏玛时期的德国,一个鸡蛋的价格从四分之一德国马克变成了 40 亿德国马克。还联想到从鸡那里偷走鸡蛋是否道德。对于她来说，鸡蛋这个寻常的物件已经变成了巨大的问题库。

就像爱迪生小时候问"蛋怎么孵出小鸡"一样，劳拉每天想知道"鸡蛋为什么变化"。也正是因为这些观察和思考，她进行了一系列研究，不仅拿到了富布莱特奖学金，还去攻读了教育学的博士学位。

我在微博里曾经看到一组图片，一个设计师，有一天无意中觉得天空中的云朵很好看，就把它画成了一个小狐狸，后来越画越多，就变成了"云上的故事"。有游乐园，有空中列车，甚至形成了漫画系列，温暖和治愈了很多人。很多粉丝以为这一定是一个漂亮的小妹妹，其实他是一个"80后"的山东爸爸，有一个可爱的女儿。他从小时候就有个技能，就是看什么都会去联想，"脑洞"一直大开，一直到有了女儿，女儿开启了这位爸爸一直拥有的想象力。有一次他和女儿一起吃饭，女儿说那里有鱿鱼，爸爸问鱿鱼在哪里？女儿说：那个桌子上的大伞就是鱿鱼，爸爸一看真的哦，就画了下来，一发不可收拾。

所以，让我们像孩子一样，保持我们的童心，去观察我们身边的一些小细节，去看待那些别人眼中很傻很愚笨的发现，那就是我们最美好的好奇心和想象力。

2. 多问一些"为什么"。

我曾经对为什么以色列会成为全球最厉害的创新大国，犹太人为什么会在全球经济、政治、文化等领域都出现那么多优秀的人才感到好奇。后来翻阅了大量的书，我发现这个国家，这个民族之所以优秀的答案就是：问为什么！

以色列人从小就会给自己的孩子植入"为什么"的基因，因为他们认为每个人都是OK的，他需要的只是不断去探索和发现，找到自己内在不同的潜力和价值。所以,以色列有一个传统,就是父亲会带着孩子来到河边,看着河流告诉孩子:"这就是人生中最重要的学习,你看到水在流动吗?这就像你一生对世界的学习。水为什么流动?因为世界是流动的。世界为什么是流动的?这就是你要学习的。"当孩子从学校回来,父亲问孩子不是你学到了什么知识,而是问你问了什么好问题,或者你听到了什么好问题,为什么?在孩子们的心里,从小以问好问题、问与他人不同的问题为荣耀。如果你和别人一样,相信这就是以色列人最大的危机感了。所以对他们来说,看看哪些是别人做过的,如何与未来连接去做不一样的事情,是他们人生最大的价值。

这里"为什么"在我看来,不是挑衅,而是一种基本的价值观,真正的好奇和真正的智慧。

麦肯锡方法论里非常著名"5 个 Why 分析法",如果你能够连续问出 5 个为什么,你就基本接近于问题的本质和最终的答案了,这是作为一个咨询公司顾问最基本的练习。

以色列人知道:YES 会带你走向死亡,只有 WHY 才能带你走向新生,而能带你走向新生的,唯有不断地追问"为什么",你要在任何时点都问出一个问题,这样创新就自然呈现了。所以,把问"为什么"变成习惯,而不是盲从和跟随,那就可以帮助我们保持好奇。

3. 对所有自己不知道的事情保持谦逊。

乔布斯有一句名言"stay hungry, stay foolish"(保持饥渴,保持愚钝)。一个人成长最大的动力是什么?巨大的未知感和不满足!而如何填平这样的未知和不满足?就是始终能够让自己处于一个空杯的状态,觉得自己还不够,还"愚钝",三人行必有我师焉,才能够不断学习,不断增长,不断去创造。

古人云：知之为知之，不知为不知。不知就让我们有了可以追寻的空间和保持好奇的理由。

有一位在书法方面很有造诣的朋友曾经送过"智慧"二字给我，他说，中国文字是非常有内涵的，你看"智"拆开来就是"日知"，告诉我们要日日知新就是智；"慧"就是拔除心里的杂草，所以"智慧"二字就是要拔除心底的杂草，日日知新。杂草正是我们心中的各种不安、骄傲和顾忌，只有放掉这些，才能把自己打开，对自己不知道的事情保持谦逊，才能日日知新，才能获得真正的"智"。

其实我们每个人都是一个值得好奇的对象，这个世界，每个人，每一天，都值得我们放下自己的傲慢与偏见，那些我们不知道的事情，才是我们终身学习和成长最有价值的营养。

4. 不要放弃对于未来的探索。

好奇心往往来自未来。去年看到一场非常精彩的对话，它来自马云和埃隆·马斯克的对话，很多人评价这是一场不在一个频道上的对话，因为马云关注于当下、地球、生活，而马斯克关注的却是未来、科技和宇宙。

马斯克说："要尽可能多地多学一点，让自己能够更好地预测未来、创造未来，预测未来最好的方法就是去创造未来，我们要评估一下自己在学的东西，是不是让自己能够预测未来、减少错误？我们可以通过这个方式来思考教育。"

马云说："人类要更有创意，更有建设性，怎么教孩子更多的创意，更有建设性呢，这是教育的关键。"

马斯克说："我觉得我们需要更进一步了解宇宙的本质，以确保我们能够进入到不同的行星生活。这不是因为我觉得地球没有希望了，但毕竟存在这种可能。即使我们尽了最大的努力，地球还是有可能会发生人类无法控制的事情。当有一天人类成为多星球生存的生物时，人类社会将有可能实现超越地球的更大发展。"

马云说："我对火星没有兴趣，我对地球上发生的一切更感兴趣。我们要更关心 70 多亿地球人的发展，让地球更可持续发展，我感觉去火星就是回不来的感觉，别那么做。"

这场对话，中国大部分人会支持马云的观点，但是很多技术领域的人士却非常喜欢马斯克的观点，因为马斯克对未来的探索更加大胆和实干，正是因为这样的想法，马斯克创造出了这个世界过去不可想象的全新物种和天方夜谭般的发明：特斯拉能源汽车、商业火箭上火星，他还说明年通过脑机就可以解决人类大脑所有的问题。

对未来的好奇和探索，恰恰是人类突破自己边界最大的引擎和动能，为什么不呢？有什么不可以的？有那么多的黑天鹅、灰犀牛不被预测，那么如何更好地去避免不可控时间的发生，就是对这些未知继续保持好奇和探究，未来可能发生什么？未来我们会在哪里生活？以什么样子和方式生活？和谁生活？

人应该好学，但是在我心里，"保持好奇"甚至比"好好学习"更加重要。因为我们"学习"的大都是既定、已知的部分，"好好学习"往往后面跟着的是成功和名利，学好学不好往往又会衍生出极强的好胜心、比较心。

好胜心会给我们成长的动力，但也会让我们偏离了探究未知和享受人生的轨迹，而陷入功名利禄、人事纷扰中。

所以，与其好胜不如好奇吧，保持好奇才是创新和创造的源泉，才是让你活得更自由、更开放，像个孩子一样纯粹，不会在意太多外部的眼光和评价，自由地提问，自由地探索，不断去挖掘世界的未知，去探索人类的乐趣。

划重点：

保持好奇吧，好奇比好胜有意义的多。好奇会让我们保持纯粹、谦逊和客观，也会更好地拥抱未来，成为未来的探索者和推动者。在这个过程中，保持好奇是比热爱学习更重要的品质。好奇心是创新和创造的源头。

本章节的工具卡：

如何保持好奇，可以先从连续问 5 个 WHY 开始，对于今天你遇到的各种事情，可以连续问 5 个为什么，当每一个为什么的答案出来后，继续接着问下一个为什么，5 个"为什么"之后，相信你会获得你没有想到的深度。

我的问题是：

第一个 Why

第二个 Why

第三个 Why

……

女人 35 岁以后值得拥有的 5 个礼物

前阵子读了一篇老文章《邓文迪失去了美丽》,一篇人物题材的文章却写得万般美丽,其中有些话应当是作者自己的内心领悟,这样的领悟往往是经历匆忙岁月、拼搏时日之后的感悟:

"这世界上聪明的女人很多,智慧的女人却凤毛麟角。从聪明到智慧的直通车有没有我不知道。但是我想,如果聪明的女人能够聪明到有所境界,比如永远不拿灵魂做交易,永远不与魔鬼攀缘,她兴许就离智慧近了一步;如果在有所不为的人生中还能允许内心留有片刻的安宁,知止而后不攻取,不随外物起舞,而可以定下心神,花两个小时择一捆紫根韭菜,包一顿大馅饺子,度过一个满室生香的下午;或者荡开一笔,用一朵花开的时间,倾听一朵花开的声音,消磨一个无所用心的清晨。我不知道那算不算活着的智慧,但是我知道,当你的周围万籁俱寂,幸福显现。

"一个人过了 40 岁,必须为自己那张脸负责了,因为相由心生。他的容貌就是他灵魂的样子。这个好看不是美貌，它是眉梢眼角见清风明月，是举手投足里赏心悦目。"

读到这句话，便想起身边一些年过40或年近40的女性朋友，她们眼中、眉间、笑里都隐现着成熟女人的美，现在你无法用漂亮来形容她们，可是她们却当真美丽，你可以确定她们的今天比她们在20岁时更美，因为那份从容、自信，举手投足的优雅，对人对事的品位，经世后从内而外的内蕴，让她们在人群中那么耀眼，一种舒适的、贴心的耀眼。

年近40，如果从40岁才开始准备似乎已经太晚，35正好，当是时，不再冲动的年龄，越来越知道自己要什么，也越来越懂得欣赏他人的美，如果能够拥有这样的一些习惯，自己给自己的生命礼物，相信40岁的自己将如珠宝般璀璨且知享幸福。

1. 在琴棋书画、品茗、插花、烘焙中至少操习一种。

让自己真正慢下来，专心地做一点与工作无关、与生活有关的事情。在家中开辟一个温馨天地，铺上笔墨纸砚，或者摆上一个讲究的茶盘，无论心情好还是心情糟都可以静下心来，研一研墨、照着赵体或柳体写上几幅小字，或者慢慢地烧水、泡茶，看着新叶缓缓展开，在水中曼舞，心情就这样慢下来。如果喜欢音乐，弹会钢琴也是极好的，我在36岁开始学习钢琴，尽管不是非常娴熟，可是当成段的乐章从指尖划出，内心还是无比快乐和满足。一位交好的女朋友今年选择了和大师学习插花，每次上课前就像出席盛大的活动，从头到脚都要做一番修饰，总要穿上带有古韵的衣服以和插花的主题相配，每次插花完成，会有专业摄影师给她和花合影，几节课下来女友身上的气质确实柔软了好多。

2. 拥有阅读的习惯，让自己身边始终萦绕书香。

书能让女人的世界变得无比广阔和深邃，让女人无限延展自己的空间。书可以让女人在 35 岁之后拥有一种知性的美丽，在谈吐间散发出平和的自信，知道自己语言的分寸和力度，知道交流中如何更好的给予和收获。书可以让女人在 35 岁之后真正活出一种内在的品质，坚实而丰满。女人读书不用太过功利，别一心只读和成功相关的商业或管理类书籍，阅读书目应该是多元的、丰富的，最好有一些人文的、心灵探索的、绘本类的书籍，在轻松阅读中有更多的感受，发自内心的感动，而非单纯脑力的思索。阅读之后如果还能有所回味，有所留余，那么这样的阅读带来的美就进入骨子里了，如同杨绛、林徽因等，那种用书香浸润出的经久不衰的美。

3. 坚持一项有益身心的运动。

年轻时坚持运动是为了让自己身形更美，在人群中始终拥有挺拔的自信，35 岁之后坚持运动便不再仅仅是为了身形，健康是一方面，女人的气血和容颜确实需要运动来维持；更重要的是这些运动带给自己的既放松又充实的感受，游泳之后全身细胞的舒展，瑜伽之后全然的放松、放下，高尔夫时刻的专注和动静之间，登山的挥汗如雨、一览众山小。运动和心灵可以更好的链接，你可以更好地感受到生命的绽放，有力度的延展；当你坚持下来，你会进一步感受到自己的力量，35 岁后，自己身体中的每个细胞更加鲜活。

4. 保持着一份少女般的情怀。

记得之前看一个节目叫《花儿与少年》，每每放到许晴时，总是会有一句话打在屏幕上：少女的情怀。许晴当有 50 岁了，可是行为洒脱不羁，穿着随意大方，丝毫不掩饰自己的真性情，脸上没有岁月的痕迹，两颊的笑窝却让她始终保持着少女般的生动，美丽的脸庞下却总让人感受到少女的情怀，有些天真，有些撒娇，有些无理，却让人觉得美好，就像小女孩想吃一个冰激凌，瞪着眼睛向大人讨要，语气是小女孩的赖皮，脸上却带着令人无法拒绝的笑容；又像随时可以大声率性地说我想坐马车，我想去那边玩，对一切美好的事物都充满着好奇和渴望，然后不管不顾地冲过去；看到美丽的花束忍不住停留，让自己片刻沉浸其中也是好的。

35岁之后，还能保持一份少女情怀，那是多么美好的事情，没有岁月的羁绊，我只是由着本性去感受身边的美丽，去追寻心底的浪漫，有些撒娇、有些赖皮，却带着青涩的毫无雕琢和刻意的情怀，身边的都是大人，都是可以依赖的，而就在那些时刻自己还是个小女孩，依然可以恣意，依然可以浪漫。幸好还有那些时刻。

5. 拥有孩童般的好奇和对他人的善意。

你还有问为什么的动力吗？你对这个世界还好奇吗？当你像孩子一样去提问题的时候你是什么样子？你喜欢那样的自己吗？一位教练想知道怎样才能提出最有力的问题，在反复操练中突然领悟到自己提问题似乎都是用理性的大脑在操练，自己对对方似乎并没有多少好奇，自己已经预设了很多的答案。那么怎样让自己拥有真正的好奇，完全跟随对方和相信对方呢？他突然想到自己的孩子，于是他真的把自己变成孩子，用孩子的语气来问询，在那个过程中问题就那么自然地流出来了，那么纯粹，就在当下，简单而有力。这位教练被自己感动了，他说他之后要练习的就是向孩子学习真正的好奇和提问的方式，那样的自己才是真正纯粹的关注对方的自己，真心想寻求答案而不去思考问题本身是否好坏。

对于 35 岁以后的女子亦是如此，知性伴随着理性进入我们的习惯，思维大于内心在身体里运作，我们更多地用大脑去评判，却少了向上的动力和去寻求未知、欣赏未知的好奇；我们对他人更多的是批评和苛责，却少了像孩子一样的接纳和相信，孩子对他人总是充满善意，总是那么容易认为每个人都是好人。那么 35 岁以后，给自己留点时间，回归我们的初心，去寻找孩子般的纯粹，打开怀抱去拥抱一切的可能，依然相信身边有太多自己所不知道的，相信每一件事情背后都有一个新鲜的答案要为你展开，你那么想了解，并且满怀希望，相信那些答案会带给你所不知道的世界。相信身边人们在做事背后的正面理由，用善良的单纯的心情去看待世界，选择做一个善良的好人，而不是苛责的聪明人。

划重点：

岁月赋予了女性成熟的美，在正当时的 35 岁，女性值得给自己一些奖励，不是钻戒豪车，而是真正能提升个人气质素养的礼物——学习手工艺、培养阅读的习惯、做有益身心的运动、保持少女心、拥有孩子般的好奇和对他人的善意。岁月何曾败美人，岁月只会成就美人。

本章节的工具卡：

在 35 岁之后，重新建立三个一，你觉得做得到吗？

1. 一个可以每天坚持的运动
2. 培养一个你想做而一直没做的兴趣爱好
3. 每周读一本有益身心的图书

内心的强大，是一种宁静

《菜根谭》中说："宠辱不惊，看庭前花开花落；去留无意，望天上云卷云舒。"这便是"快心事来，处之以淡"，也是一个人内心强大的表现，继而淡泊以明志，宁静以致远！

真正内心强大的人，往往都有这样一种力量——宁静的力量。

那么到底什么是宁静的力量呢？

1. 懂得专注

讲到专注这个词，我脑中浮现出曾经看到的李宗盛做吉他的视频画面，那是一种全神贯注、聚精会神的态度，也是用时间沉淀出来的让人安心的气质，它是把一个技术或者一门手艺做到最极致的追求和坚持，也是一种笃定稳重、从内心深处尊重产品、尊重用者的责任和担当，我们叫它"匠人精神"。只有在安静之下，你才能去摈弃各种环境的影响，各种人情的杂念，做到专心只做一件事。

在一个咖啡厅无意中听到大乔小乔的民谣,听完很舒服,到网上搜到一篇文章,发现唱民谣的乔小刀竟然安静地在束河做木匠工作室,止语 5 年,记者找到他,才慢慢恢复语言功能。他带的徒弟都是 94 年后的孩子,要求来便止语,"沉默会让人变得谦卑,越聪明的人,越懂得沉默,这些好处只能自己体会","止语不是不说话,而是不说没有用的话,这几年最大的感情是时间,当我不讲话时,每一天的时间都专注留给自己,每一刻,每一本书,每一次实践,每一块木头,都会统统发光……时光每一秒都在消失,只有内心的美好,永不消失"。

看到这个专访发现一个草根的人在专注之下原来什么都可以做得很好,而专注来自于安静的力量。

其实人懂得专注,也就懂得了选择,不知如何选择,有太多妄念恰恰是人烦恼和浮躁的来源,所以,安静地专注于一件事,持续地去做,直至达成内心的目标,那就是最大的丰盛和喜悦。

2. 悉心倾听

我记得几年前在看《Lean in》(向前一步)中有一段描述,谢丽尔·桑德伯格说刚到 Facebook,总是她说得最多,有一次开会她选择了不说,让所有人先说,结果确实比她说更有价值,安静让她开始懂得倾听和欣赏。在做管理中我们总是要发表太多看法,对事叫作意见,对人就叫作评判。职位越高责任越大就误认为自己发表的言论都应该是最后的结论,往往在没听完表述时就急于发表态度。

其实即便你耐下心来听,倾听还包括了三个层次:

第一层是大耳倾听,就是用耳朵听,听到了声音,其实耳朵听到的都是你选择性想听到的事,比如我在做 AA 加速的,整个会议中讲的其他内容都听不见，但一有 AA 或者加速四个字马上耳朵就竖起来了。

第二层中耳倾听，就是用脑子听，听到了结构、逻辑和系统，脑子可以承上启下、起承转合，能够了解事情的前因后果，能够完整地听完一件事、理性、客观地选择做一个脑子认为正确的反应。

第三层是悉心倾听，就是用心去听，包括用眼观察表情、情绪、肢体语言，用耳听到呼吸、叹气、舒缓，用心听到烦躁、喜悦、轻松、焦虑、安宁，听到了感受、情绪和话外有话。只有在安静的情况下，你才能做到悉心倾听，去用心感受，并用心反馈，关注的是人，"你"的表达，"你"的感受和对倾听者的需求，而不是事，不是"我"，不是"我"的表达。

3. 开始欣赏

只有在宁静的情况下去悉心倾听，你才可能把心打开，发现原来身边每一个人其实都很棒，即使做某件事情并不完整，但总有一些地方是他做得很好的，即使他做的不够好，但背后一定有他选择去做的正面意图和积极心态。

记得很多年前做盖洛普 Q12 调查，说中国的企业做得最糟糕的一项就是表扬和欣赏。大约有超过 85% 的人在一周内没有得到过表扬，我过去做团建培训的时候总是让大家做表扬和感谢的练习，比如你表扬不能只说你做得很好，而是要告诉他：你在哪些地方做得和之前不同，并给什么人、什么场景带来了与众不同的价值，所以你做得很好。你感谢一个人，不要只说 Thank you，而是要谢谢他，因为你在什么时候、因为何事帮助我实现了哪方面的变化，我的感受如何，所以非常感谢你。虽然道理都懂，但真的自己去做确实很难。

如何能够去欣赏，如何能够表达出真诚的欣赏，同样，需要宁静的力量去建立一种氛围，用心去体会和表达。就像我特别喜欢的一幅画，静听花开，那幅画就是一种宁静下欣赏的气息。

4. 深入思考

我曾经同时读《未来简史》和《五天学会绘画》，两本书都分别引用了左右脑分开识别物体的罗杰·斯佩里的案例，拿不同的两张纸给左右眼看，嘴上表达的是右眼看到的内容，由左脑进行控制。但当你拿一张纸上面写着你看到什么，手却写下左眼看到的内容，来自左边视野的数据会由右脑处理。

说和做有的时候真的是不统一，因为左脑控制你语言能力，而右脑控制你的感受和体验，人的左脑和右脑是可以分开进行工作的，当静的时候，你的右脑会更加充分地打开，感觉、体验和形象表达变得非常直接，你不仅停留在逻辑脑，可以更有效地开发意识，所以，我们总喜欢在夜深人静的时候去进行阅读和写作，因为宁静可以更深入地思考，不会人云亦云，而从"我"的意识和感受去进行独立的诠释。

看了《未来简史》，发现作者读了很多书，里面有历史学、生物学、心理学、自然科学、未来学等等，其中的知识被作者很好的融合在一起，并对未来的人类趋势做了很好的预判。

其实这样一本书，也让我联想尤瓦尔在宁静的状态下，阅读了大量的书籍，并形成了连贯的思维和联想，产生了大量的好奇和疑问，宁静，能够让人不断深入，加强对一些新事物和连贯性现象的探索和独立判断。

5. 学会休息

休息需要学习吗？需要。过去做 CEO 教练，有一位已经上市的企业老板，通过 1 对 1 教练最想解决的问题就是如何能让自己有一个正常的作息，每天能在 11 点前睡觉，这件事情很难吗？真的很难。他因为每天要到凌晨 2、3 点睡觉的习惯，每天上班萎靡不振、注意力不集中、性格也变得暴躁，我问他这个问题真的很重要吗？他说，非常重要，而且他认为自己真的解决不了，只能依靠外力。那么晚上为什么睡不着觉呢，因为不会休息，熬着已经变成习惯，哪怕看看电视、玩玩游戏，自己都觉得毫无意义的事情，可是就是不休息。所以要通过外力，学会正常的休息。

休息能学会吗？其实就是让自己身体所有的部位慢下来、停下来。

既是宁静，也是安宁。静下来，不想、不看、不听、不做，处在空的状态，就能休息。我们的燥、不休息大多来自于太满，这种满不是专注的满，而是琐碎的、慌乱的、自作主张的满，所以，宁静的力量能够排除这些，让你重新学会休息。

6. 能够静心

投资是修行，创业也是修行，为人父母也是一种修行，修什么呢？像稻盛和夫说的修行就是修心，从心出发让自己的品行更好，让自己成为更好的人。修心的前提是能够静心，能够静下来。打坐、认真的工作就是很好的静心，专注、休息都是静心，让心安静下来，人就变得从容和淡定。

其实最好的过程不过从容，不以物喜不以己悲。

我们总是很难做到这些，尤其是信息爆炸、人人互联的今天，所以，内心宁静变得更为重要，它意味着能够选择做自己，从心出发。也许这才是所有力量的源头。

划重点：

越是内心强大的人，面上反而云淡风轻，那是一种从容宁静的力量。如何建立宁静的力量，你可以学着专注、悉心倾听、开始欣赏、深入思考、学会休息、练习静心。

本章节的工具卡：

如何打造内心宁静，可以先从倾听开始。

从大耳倾听变为小耳（悉心）倾听。

1. 你可以闭上眼睛，用 3 分钟感受环境中各种细微的声音；

2. 你可以和你的朋友静静地对视 3 分钟，用眼睛听见他此刻的心情；

3. 你可以和人对话的时候，不仅听，还去感受他的情绪、表情、动作，去发现他语言背后的"语言"。

第六章　改变第六步：打造你的产品

更深入、独立的思考,

对于社会、逻辑、常识和人性能够不断加深理解。

顺风不浪，逆风不尿

和老朋友 Maggie、Tang 基本是长期不见，一见面便感觉从未分开过，上来连寒暄都没有，就直奔主题，聊最近你学了什么，有什么新的收获。他们俩一个是国内 TOP 资本的首席财务顾问，一个是国内知名独角兽公司的 CFO，我们都是毕业后进入同一家公司，因为共同参加了内部组织的辩论赛而变成好朋友，能参加辩论赛，身上多少都有一些共同的特质，比如喜欢提问，喜欢打破砂锅问到底，喜欢了解对方最近在关注什么，以尽快拉平大家对事物的认知。认识了快 20 年，从我们自己还是孩子，到现在孩子们都可以跟我们辩论了，可是三个老朋友对于新事物的好奇心和学习力仍如当年，丝毫未减。

这次聊天不仅聊了事物的变化，还聊了一些更深层次的内容，比如一个职场人士最重要的能力是什么？核心有三个：拿结果的能力、认知的进化、心智模式成长。

1. 拿结果的能力

很多人认为能力的背后就是专业技能，而我们共同认知的高低往往不在于专业，而是在于能否创造性地解决问题，和让所有资源为我所用，以团队之力解决问题的能力。

我对此又做了一个衍生，把拿结果的能力又总结为成事的能力，包括"干"的能力和"赢"的能力。"干"，是有速度和效率的执行力，能够迈出改变的第一步；"赢"，是能够建立产品和模式的竞争力，能够整合资源和人才进行协同作业，能够建立商业模式闭环，能够在既定时间里结束战斗。

Maggie 和 Tang 都是学财务出身，但是在管理的领域都做得非常出色，都是带人的高手，也是企业一把手最器重的业务伙伴。所以，其实对他们来说专业是他们的一个基础能力，而"拿结果的能力"，高效、能赢才是他们职业生涯中能够出类拔萃、一路前行，走到高位的关键。

在我的职业生涯里，做过企业高管、总裁教练、自己开公司、发明管理系统、做投资，我的专业是学中文的，如果用专业来就业的话，我应该成为媒体人或者作家，但是专业只是我底层的基础能力，在阅读和写作上给了我自我迭代和公共表达的优势。而成长的核心还在于聚焦每一个阶段的目标，快速行动、快速试错，整合各种资源，全力把目标完成，给自己和他人一个阶段性的交代。

2. 认知的进化

很多人说你和成功者的距离在于认知差距，如何不断拉平认知，追赶这个时代前进的步伐，变成了今天每个人的自习课。怎样去推动自己认知的发展呢？

更广阔的知识补给，读万卷书、行万里路、遇见不同的人。

更深入、独立的思考，对于社会、逻辑、常识和人性能够不断加深理解。知识为我所用，不陷入知识的诅咒，能把知识变成自己的观点和思维系统。

突破认知的边界，不断去挑战未知。包括跨界思考，差异化思考。今天我们总说你的竞争对手往往不是你最熟悉的对手，而是跨界打劫的人，比如你是做线下教育的，好不容易在一个城市开出了3个线下店教孩子英语，结果一个做互联网的来做了教育，把英语教育线上化，孩子可以直接和海外说着地道英语的老师来进行学习和对话，价格比线下还低了一倍；另外又来了一个做算法和深度学习的来做了教育，把学生每次练习的数据记录下来，用人工智能的方式让学生更好地学，老师更好地教，学和教都更精准有效。另外，又来了一个游戏公司的来做教育，把教育完全游戏化，孩子学英语就像过关打怪，兴趣度大幅提升，而且完全离不开了。这个有没有呢？第一个案例就是 VIPKID，估值已经超过 300 亿人民币；第二个案例就是猿辅导，估值超过 155 亿美金；第三个洪恩英语，由完美世界开发的线上教育，第一步教大家的就是玩，已经在美国纽交所上市，这就是跨界思维对于一个传统领域的全面迭代和更新。

差异化思维就是不求更好，但求不同。做每一件事都会思考有没有不一样的可能性，为什么他能做成，在这个原理之下，还有没有更多的创新点。完全从差异化角度去探究更多的可能性，这样就会把惯性的认知打破，突破你的认知边界。

对于认知的进化来说，不是学习什么，而是如何学习和如何思考，让自己在对同一件事情的看法上有所不同，应该有一套行之有效的工具和方法论，让自己懂得获取更有价值、更有穿透力的认知。

3. 心智模式的成长

这次我们聊了很多关于心智成长的话题。过去我们在发展领导力的时候，更多的是能力的培养，包括目标管理、绩效管理、团队管理、面谈的技巧、客户销售的技巧等，恰恰忽视了对自我成长、尤其是心智成长的重视。其实，心智成长才是领导力的底层操作系统，是真正的领导力，是能把自己打碎不断重生的能力。

心智成长很重要的一点就是能够剥离情绪，客观、高效地处理问题。人能够定住自己的心，不受外力的困扰，客观高效的决策就出来了，一切问题就都可以得到解决。大多数领导者无法继续上升，就是自己陷入情绪，陷入自我化的魔咒：我不够好、我不重要、我不配、凭什么他比我好、凭什么他晋升、凭什么他拿的比我多。一个心智模式足够强的人，就是跳脱以上的情绪，活得洒脱，活得自在，用一词形容就是"通透"，通透二字和年龄、背景、学历无关，而在于自我的觉察和掌控。

我把心智模式又衍生为心力，核心表现在内心独立而强大，具备反脆弱的能力，能够自我迭代和自我修复，能够在绝望中坚强地寻找希望，敢于担当，敢于引领，不怕挫折，有超强的乐观主义精神。

一个人才的培养和发展也可以用上面三个方面的来评价。通常发展一个管理者，我们会分几个阶段：第一个是个人领导力，他的专业是不是特别突出的，业绩是不是特别优秀；第二要看他的团队领导力，他的影响力怎么样，能不能独立带领团队完成一个完整的任务或达成目标；而看他是否能够成为一个真正的领导者，在于第三个阶段他是否能够发展自己的心智模式，能不能具备强大的内心，具备抗压力，能不能管理情绪，能不能面对不确定环境并具备应对方式，能够跳出自己看自己，聚焦于成果和愿景。

关于心智模式这件事，我特别有体会，我常常和朋友们说，每个人都应该来一次创业，无论失败和成功，对于人的成长上都是加法，创业是人生最好的修行，而修行修的就是自我认知和自我迭代，这个就是心智模式的成长。最近我在看的《反脆弱》也特别能体现这一点，任何人、组织或者政权，都存在三个层次的能力：脆弱、坚韧、反脆弱能力。

脆弱：一个只有专业、只有自己一种操作系统的人往往是非常脆弱的，对于任何外部变化都很容易被折断或受挫，这也是大公司长久职业化的人呈现出来的最大的短板。

坚韧：能力很强、做事很果断、为人很坚定、勇往直前，能抗压，不放弃不回头，这是坚韧，但其实这并非最好的能力。

反脆弱：最好的能力不是 strong（刚强），而是 flexible（灵活），是在各种压力和风险下锻造出来的适应压力和规避风险的反脆弱能力，是一种自洽性、自我重生和迭代能力。

脆弱、刚强和反脆弱能力，就如同一个管理者在巨大压力和错误下表述，"我真的不行，我根本做不到"，"我没错、必须顶住"，"我可能真的错了，需要快速总结快速调整"，第三种人才是最有力量的那种，他能够在做事情上剥离情绪，剥离掉别人对他的各种看法，不沉溺到对自己的情绪感受上；他让自己跳出自己，专注于解决事情，让事情向前走，在困境中能够冷静下来，思考更有效的方法，而这样的心智模式才是真正成熟和完整的。

《反脆弱》提到应该设立一个创业者日，因为他们用自己的不确定性为更大的商业系统和经济系统带来了反脆弱能力。我对此非常认同，在朋友圈我写了这样一段话：创业者犹如英雄一般，是风险最强、压力最大、安全感最低、最贫穷的一群人，他们用自己的冒险精神帮助整个系统从各种不确定性中获得了更多的反脆弱能力。所以，如何能够在创业的错误、失败和压力中，自己成为最大的受益者而非牺牲自己利于他人，核心在于不断磨砺自己的心智，只有自己找到适应不确定性的方法，在错误和压力中找到思考、迭代、自我更新的能力，在无数次的迭代之后最终走向真正的成功。创业者中只有不到1%的人会成为这样的大成者，他们皆是能力、认知力和心智模式的整合发展者。

最后，分享这次交流中我最喜欢的一句话：顺风不浪，逆风不怂！

划重点：

职场人士最核心的三个能力是拿结果的能力、认知的进化、心智模式的成长。而对应的，培养一个管理者也是从个人领导力、团队领导力、心智模式三个方面来考量，心智模式的核心就是反脆弱，即具备强大的内心，灵活面对、解决问题。

本章节的工具卡：

在这里我们可以问自己几个问题：

1. 你是不是非常容易被情绪左右你的判断，经常性地陷入那个人对你不好、那个人说你什么了等情绪里？如果是，你通常会采取什么方式走出来？

2. 你同意心智模式才是一个人成长的底层操作系统吗？你如何评价发展心智模式这件事对你的重要性？

3. 你是一个脆弱的人，还是一个刚强的人，还是一个具备反脆弱能力的人？

4. 在面对挫折和失败的时候，你是会被失败俘虏，还是成为最终走出失败的那个受益者？

打造属于你自己的产品

我们如果面对一些跨国的职场面试,经常会被问:Can you sell yourself? 意思是你最擅长什么?或者你能说说你的优势吗?从英文字面直译是你可以推销一下你自己吗?

今天这个时代,正在加速每个人出产"产品"的能力,"产品"已经不像过去是企业通过各个链条合作、加工才能做出来,如今人人都可以做产品经理。比如你写一手好文章可以成为自媒体大V,画一幅好画可以做艺术博主,有好嗓子可以做声优,游戏玩得好可以做游戏直播,有好的、与众不同的观点可以知识付费,会设计的可以做设计外包。你的"手艺",强于他人的能力,都可以变成优秀的产品,只要你具备下面三个要素:有人为你喝彩、有人认同你的价值、有人为你买单,用户、价值、交易就是产品的关键点。

今年,直播带货特别火,网红直播李佳琦、薇娅可以将各个品牌以最低折扣推荐给大家,那么他们的产品是什么呢?就是他们这个人,他们对产品的选择、体验、现场创造的氛围、个人态度、语言模式和场景化的带货方式，你很难说他们生产了什么产品，但是他们自己就是产品。因为他们持续在一个领域里打造个人影响力、个人风格，所以，他们个人一天的带货金额甚至超过一个上市公司一年的销售总量，他们的名字背后就意味着庞大的用户群、各行各业的带货量、不断涌入的交易，甚至可以间接推动上市公司的几个涨停。

所以，今天这个时代是前所未有的个体价值最大化的时代，每个"个体"都在不断放大，人和企业越来越平等，只要你有足够突出的长处，"你"足够强大，就可以贩卖属于你自己的产品，甚至让你自己成为最有价值的产品。

一、"李子柒"成了中国文化的标签

去年有一个叫"李子柒"的姑娘火了，全网有几千万粉丝，海外社交平台的订阅者甚至超过了BBC，她发的每一条视频几乎都有超过500万的观看量。李子柒的视频以拍摄乡村的平常生活、制作中国的传统美食、恢复中国传统文化为主，比如黄豆如何变成酱油，棉花怎么变成棉被，纯手工的笔墨纸砚怎么做出来，怎么做手工豆腐，如何插秧，如何用竹子做出竹椅……她的画面里没有商业，没有繁华的都市，甚至鲜有人声，出镜的除了李子柒本人，最多就是她的奶奶和一条狗。

她拍摄的视频看起来那么宁静、传统，却完全还原了中国原汁原味的文化，而第一人称的参与、精致的拍摄和剪辑让一切都那么美，美到令人向往。当我看到的时候也恨不得放下城市的生活，到田园去煮茶、种花、染布、做豆腐。她的视频不仅中国人看懂了，各个国家的人也都看懂了，她让不同国家的人真正体会到了中国文化、中国美食、中国制造，甚至有人评价"李子柒"是中国文化走向全球真正的代言人。

那么李子柒是怎么创造出她的产品呢？

1. 来自热爱的驱动

一个人在什么情况下会坚持去做一件事，还会心无旁骛最大限度地把它做好？

美国心理学家米哈利·希斯赞特米哈伊提出"心流"的概念，就是那些似乎享受做事本身的人每周会花大量的时间在他们从事的工作上，乐此不疲，因为不断激励他们的是在做这些事情上感受到的体验，这种体验虽然可能有困难和费力，但是同时也扩展了他们的能力，包括了新奇与发现的因素，事情进展顺利，而意识高度集中。因此，他们行动和意识会高度融合，心无旁骛地投入其中，不担心失败、遗忘时间、不受外界干扰，甚至遗忘自己，只是享受这样的过程，这样的体验就是"心流"。因为有了"心流"，所以人们才会长期热爱，并且反复地重复这样的体验，并从中不断寻找到遗忘自己、只聚焦于其中的热爱和专注。李子柒一定是非常热爱这样返璞归真的田园生活，在这样的学习、制作、录制、分享中找到了强烈的心流，所以能够一直以一种方式不断做下去，只做好这样一件事。

2. 来自好奇心的驱动

李子柒为什么会去花长时间学习怎么制作兰州拉面，反复做了几十遍拍了几十遍；学习怎么自己做好一个竹床，一个小女孩要上山去扛竹子，学习怎么去制作蜀绣和蜡染，一遍遍把自己的手泡在染缸里……怎样才能把原材料做成一个像样的成品，那些中国文化中最璀璨的手艺究竟是怎么发生的，笔墨纸砚这样的伟大发明是不是可以自己做出来，油盐酱醋都是从哪里来的……李子柒心底一定是有足够强的好奇心，然后把它们一点一点做出来。好奇心是创造产品最大的动力。

3. 来自环境的驱使

李子柒父母早逝，爷爷奶奶把她带大，到都市做了各种工作，当爷爷去世后，她毅然离开都市，回到农村照顾奶奶。因为她年轻，所以有机会看到同龄人发送视频，所以她开始制作自己的第一条视频，尽管今天她已经火了，但是她呈现的仍然是农村的环境，干的是农活，那个地方没什么人干扰，宁静而恬淡，她可以继续发现这个环境中的各种事物，再把它们做出来，录制下来分享出去。环境决定了她的产品形态和内容，而她录制的内容和我们所处的都市生活中的焦虑、商业、成功有着那么大的差异，差异和向往带来了足够大的关注，关注本身让这些视频有了需求、有了价值，也有了商业化的可能。今天，"李子柒"这三个字已经估值超过 10 亿元。她在电商平台上销售的产品几天就达千万元，而品牌授权同样也能带来高额的回报。

二、你，就是自己最好的产品！

通过李子柒的现象，我们知道其实只要你有那份热爱和执着，在你的环境中去发现自己的优势，以最认真的姿态把它呈现出来，你就可能会成为自己的产品，不管开始有多少人，但是总会有人一直为你喝彩。这个时代给予每个人最大的可能性，公号、视频、直播……每个人都有足够的能力和资源，为自己打造只属于你的 IP。

IP 是什么呢？我理解就是个人拥有的外在形象和内在涵养所传递的独特、鲜明、确定、易被感知的信息集合体；因为能够出产持续的、有价值的、差异化的内容，因此能够获得持续的关注、热爱和商业回报。

和个人品牌不同的是，它不止于你的标签、传播方式和影响力，不止以营销为目的，而是强调比营销更重要的事：你的特点、你的内容、你的范式、你的知识、你所创造的与众不同的价值、你的个性魅力。所以，你这个全人：形、神、价值观、才华、输出的知识、物品、展示才华的手段、呈现的载体，诸如此类整体集合就是你的产品，你就是自己的IP！

个人IP这件事和品牌营销最大的差异在于，你只能自己做，自己定位，自己主导，自己输出，其他人可以帮助你，但都是辅助者，你的气息、调性、你的知识底蕴、你可以持续输出的方式只有你自己才能做到，并且持续做下去。前几天看到一个明星经纪人的访谈：你经纪的演员李现火了，你会怎么去包装他。经纪人回答：很多人会选择透支他，而我们选择让他做他自己，继续学习、健身、继续做微博电影达人，在最好的时候去增值，而不是去耗尽。大致意思是这个，但是我觉得这个经纪人很智慧，一个演员火了，是他演的那个角色火了，但他自己并没有成为可持续的IP，与其透支那个角色的人气，不如真正把这个演员的内涵和差异点打磨出来，让他继续学习，往一个有知识、有内涵的人设发展，帮助他精选剧本和活动，最终成为一个具备持续生产内容，持续创造价值及热爱的IP。

三、那么如何去打造属于自己的IP呢？

1. 给自己定个点，一个就够。

最重要的事只有一件，在一个时间段内，给自己一个清晰明确的定点吧，就是确定你选择什么领域，针对什么样的对象，输出什么类型的内容或者产品，满足他们什么需求点或者解决什么痛点。当然，这个需求一定是积极正向的。

最近我自己在尝试做微信推出的视频号，在一个月的时间里摸索了很多内容，过去做宣传都是助理或者公司帮我做，而这次我是自己做。一开始传一些自己去逛公园的视频，后来是孩子，还有家里的小动物们，慢慢地，我发现这些都不可持续，我每天都会做的事情是看大量的项目，研究大量的企业状况，来分析后面的规律，于是我开始把我每天观察到的企业现象，我的一些感触做成视频发上来。慢慢地，我的定点形成了：V姐企业观察，每天一点新鲜洞察。我的领域就是企业，对象就是所有商业人士，解决的痛点就是大家想了解当下最突出的企业现象"为什么"，能给自己什么样的启发或警示。

当我定下来之后，每天做一个这样的小视频变得简单，而收看者知道自己关注这个视频号到底有什么用，所以最近增长的粉丝量非常迅速，互动留言也越来越多，不少人开始给我提供信息，请我来分析一些他们看不懂的企业现象。

个人IP的定点一定要和大家对你这个人的认知有强关联性，比如我一直关注企业和创投，如果我突然做一个宠物展示，大家会觉得非常不习惯。

如何做定点？你可以去想想：如果你的朋友圈里有50个人，他们在想到你的名字时，第一时间想到的主题词是什么，你可以根据你长期带给他人的印象，来给自己一个定位。

你也可以列一个表，什么是你最擅长、做起来最容易，同时又是受众面最广泛，他人最愿意买单的。有人说我就擅长读书，好，你可以做一个读书视频，比如"樊登读书"，我问樊登，你如果不做"樊登读书"你会做什么？他回答，那我还是要读书啊，不能因为别人不买"樊登读书"我就不读书吧。有人说我就适合讲故事，好，你就做一个故事会吧，比如凯叔讲故事，每天都给孩子们绘声绘色地讲个故事，道声晚安。

2. 先发布再说，然后慢慢调整。

《谷歌方法》里有一点是敏捷开发，快速迭代，先发布再说！没有一个产品是完美之后再发布的。好的产品绝对不是自己和自己的对话，自己想象出来的。都需要放在用户面前由用户来评判喜不喜欢。一个技术型公司，相信技术和数据的力量，所以就会促使团队要快速做出一个产品原型来，先推到市场上试一圈，一开始不要做任何营销，找一些最熟悉的人或者先锋使用你产品的人，让他们充分表达甚至吐槽，只有推出去，你才会获取真正基于市场的答案。

对于个人 IP 也一样，先尽力做出一个产品，文章、视频、手工等，快速推出去，用数据说话，快速迭代，他人喜不喜欢，为什么喜欢，为什么不喜欢。这个调性对不对，这个内容有没有看，语言方式是不是过时了，体验感好不好。调整的过程慢慢就找到了答案。

比如我在做 V 姐企业观察，做 1 个没有代表性，做 10 个，做 20 个，做到 30 个的时候，里面有一些过万的点击率，甚至 10 万+，有些才不到 1000，这时候就可以进行总结和对比，那些过万的因为什么？那些少的因为什么？过万的往往因为案例贴近大众，大家知道这个企业，讲得也生动；少于 1000 的往往因为太学术化，讲的内容太理论，大部分人听不懂。这样就会让我不断发现迭代的方向。

3. 你的魅力会决定你的受众增长轨迹。

我在想我为什么会喜欢"李子柒"这个女孩，随便在网上翻了一篇关于她的文章，底下的评论有很多，我看到这些："虽然生活很辛苦，但是你的视频能够治愈我的心""感谢你，让中国乃至全世界的人重新审视自己的生活方式,我是其中一个""在这里,我们看到了美丽中国,美丽的中国文化,看到了这个国家几千年的传统,一切都那么美丽、深厚。"

一个文文弱弱的普通女孩,辍学打工,之后回乡照顾奶奶,在这样的环境下学会了视频,用视频的手段来表现乡村里那些她看得见的"手艺"。没有什么语言的修饰,也不可能去搭建一个假的场景,但是视频里一个辛勤劳作的干干净净的女孩给你带来了不一样的安宁和厚重。我们会忍不住停下来想想我们紧张而焦躁的城市生活,我们每天不断赶的路,我们正在消失的传统文化和手艺,还有那些正在远离的田园、远方。

这就是这个女孩传递出的魅力,不用说话,就散布出你所向往的生活态度、品味和追求。"虽不能至,心向往之。"

通过"李子柒",我们需要知道,今天的个人IP要得到认可,不是灌输、不是营销,更不是强权,而是发自内在传递出的善良、美好、向上,一种反常规的回归,一种当代人内在向往而不至的"少数派",一种新态度、新观点、新趋势的引领和坚持,我把这个叫作"魅力"!

如果要做出个人IP,要得到足够多人的认可,甚至买单,除了内容,你一定要有魅力!你要展示出不同的"你"来。

划重点:

在这个信息数据爆炸的时代,打造个人IP并非一件难如登天的事情。要将自己打造成IP产品,你需要:在热爱、好奇心和环境驱动下,制定一个与自身有强关联性的清晰明确的定位,每一个成果先完成再完美。

本章节的工具卡：

你就是你自己的产品，这个时代越来越进入人人产品时代，每个人都会成为一个内容输出者和品牌传播者。所以，试着看看，怎么挖掘关于"你"的这个产品？

1. 给自己找个定点，你在输出内容上最可能坚持做到的事情是什么？

2. 给自己找一个平台，你最可能学会运用的平台是什么？微博、抖音、视频号、直播、微信社群……

3. 尝试做一个产品放上去，然后推送给你的朋友们看，听听他们的反馈。

4. 根据他们的反馈，优化你的内容，继续转发听取他们的反馈。

5. 直到有一个是他们中大部分人都喜欢的，可以邀请他们帮你转发传播起来。

让好的更好，做独一无二的你

在自然界中，多样性意味着健康，在其他领域，亦是如此。

——[英]蒂姆·哈福德《混乱》

一、你敢和别人不一样吗

我们所接受的教育，过去一直在强调所谓的标准化，每道题都有标准答案，小时候，妈妈希望我们和班里的其他孩子一样，考试要考得好，要让老师喜欢。工作以后，很多公司要求我们和别的同事一样，遵守公司流程制度，业务水平要做的好，很多大公司每个级别都有成文的标准，我们一直被要求向优秀的员工看齐。

在评价一个人的时候，我们总是说你在哪方面不行，却很少会去跟你谈你在哪方面可以，强调的是5个手指每个都要一样长。

但是今天这个时代，似乎和过去有了一点变化，这个时代越来越强调多元化，每个人都有展示自己才华，释放自己潜能的空间。当人人时代正在到来的时候，我们都要找到自己跟别人不一样的地方，所以，"你不要害怕和别人不一样，因为你本来就和别人不一样"。我们每个人，都应该走上自己的独特性之路。

想告诉所有年轻人，你完全可以这样做："我再也不害怕跟别人不一样了，不一样就不一样吧。"你本来就和别人不一样，你不但不用遮掩这个不一样，还要放大它。

害怕自己和别人不一样，很多原因在于不自信，当你对一件事情有想法时，你要相信自己的直觉和判断，去做一下试试，结果是最有说服力的，如果你做出来的东西得到大家的认可，或是自己的认可，你就会变得有信心，你就敢坚持自己的独特性了。

二、让好的更好，找到你的独一无二

最近给孩子填报小升初的志愿，充分体会到今天孩子们的痛苦。现在的孩子们压力真是不小，从小就要开始被优秀的学校选择，如果自己不够优秀，你根本无法去考虑足够优秀的学校，只能按照既定的规则通过划片进入小学和中学。

我的女儿今年六年级，也希望能够到北京市最好的中学去上学，但是按照点招的条件她并不属于最优秀的那一拨孩子：全国奥数一、二等奖、连续三年区"三好"，通过PET（美国入学英语测试）证书……她也很努力地学习奥数，不过只能拿个优胜奖，虽然一直在班级里当班长，很受同学喜欢，成绩也名列前茅，可是每次让她报名"三好"，总是说还是算了吧，我估计条件还不够，和其他人相比我还不够优秀……

在和女儿填报志愿时，真是有些头疼，女儿也开始不自信：妈妈还是算了吧，我就在划片也挺好，那些估计也上不了。

也许在每个妈妈眼里自己的孩子都是最优秀的，于是我在静静地给她写简历中，发现我的女儿虽然不是常规的各项都最好，是超优生。但是她有她自己的独特之处，比如做手工，她总是能做得比别人好，自己随便照着一个图样就可以画出来，然后做成盲盒一样的贺卡；做出彩泥糖葫芦，和礼品店卖的礼品毫无二致；比如对于商业的敏感度，她经常会和我交流，她对一个新鲜事物为什么风靡的看法，比如盲盒为什么会受到小学生的喜欢，一个动漫要做成盲盒需要具备什么因素，买了纸胶带怎么重新组合，就可以以一个更新鲜的概念在二手网站上或者同学之间以高于原价的方式卖出去……在学校里，我们从不插手她的学习和校园生活，但她总是会被选中做学校的一些重要角色，比如全校升国旗的总指挥，大队旗手，话剧演出的反串男主角，老师的小助教，等等。

当写到这些的时候，我发现我的女儿也许不像其他孩子一样各项都优秀，但是她有自己特别明显的优势，独立、懂事、值得信任、有自己的独立思想、动手能力超强，有很好的商业敏感度……为什么不能让她在她擅长的方面快乐地发展，而浪费大量的时间去要求甚至强迫她一定要成为什么都好的"好孩子"呢？

每个人都足够优秀，都有自己的长处，让自己的长处拥有翅膀和空间，这就形成了每个人的独特性。我们需要明白，并且不断说服自己的是：独特比优秀更重要！

在职业发展道路上，我们遇到挫折，想到的办法首先也是补短板，哪里不擅长就补哪里，总被领导批评的地方就加倍花时间死磕。其实，未必有效。有可能过了一段时间后，工作更迷茫了，更没自信了。为什么？因为方向错了，和你这个人真正的优势背离了，与你内心真正擅长的走远了，你的努力也许是在浪费时间。

与其盯着自己的短板，不如找到并强化自己的优势。让我们和别人拉开距离的，肯定是优势，把优势发挥到极致，这是你的独特性，也是你最大的核心竞争力。

三、充分发挥你的优势

很多人不知道自己的优势是什么，觉得自己平平无奇，其实有这种心态的人，是不了解、不认可、不欣赏自己的人。

我很认可美国作家马库斯·白金汉的图书《现在，发现你的优势》里提出的优势理论，他和团队花了 50 年的时间，对 200 万人做了一个研究，发现无论个体还是组织，他们的成功都遵循了一个原则：那就是将自己的天赋才干发挥到了极致。

这就是优势理论，优势 = 才干 × 投入。

才干就是天赋，可能有人说自己没什么天赋，其实每个人都有，每个人都有某件天生做起来就不太费劲的事，这就是天赋。你可以从对内、对外两个方面来发现。对内就是，你从小就喜欢什么，你这么多年来一直都在做的是什么。时间是最公平的，你花在一件事上的时间最多，这件事大概率是你能做好的。我们所从事的每一种职业都对工作者的能力有一定要求，比如从事文案、编辑等工作的人，一定对文字更有敏感度；从事法务、律师等工作的人，一定逻辑性强，思维快速。你在选择工作的时候，就是对自己优势的评估和利用。如果你做这项工作 5 年、10 年，依然还有兴趣做下去，那你的才干就在这个领域。

对外就是，你做什么事情得到别人的赞赏最多，可以翻翻自己的朋友圈，你发的什么内容点赞数最多，总结一下，这类事就是你最擅长的。比如你拍的风景图总是被点赞，你分享的美食总是获得很多好评……这些你做起来不费劲又能得到别人认可的事，就是你的才干。

但是，只拥有才干肯定不够，还需要更多的努力和投入，才能最终变成优势。科比是毫无疑问的篮球天才，但如果没有每天洛杉矶凌晨4点半的练习，他不会在篮球这项运动上形成如此大的个人优势，成为NBA历史上浓墨重彩的一笔。

那么，如何对才干进行有效的投入呢？很多人在工作岗位上干了一辈子，也没成为专家啊。这里就要提到《刻意练习》这本书里提到的方法。

首先要有明确的目标。比如我要用半年的时间出版一本书，我要用一个月的时间成为一名兼职法务，我要用两个月的时间管理好朋友圈并卖出去一个产品，等等。根据这些目标制定详细的计划，并在这个过程中不断纠正问题。

其次就是专注。在做的时候集中精力，保持高度专注，接收到每一个数字、每一个环节，并进行思考。

第三是有反馈的练习。练习的重点是有反馈，就像《刻意练习》中提到富兰克林练习写作的故事，他找来一本杂志，对里面的每篇文章熟读之后进行仿写，然后将自己写的文章和原文章做对比，找到差距和可改进的地方，然后再次写作，直到认为自己写的文章也达到了原文章的水平。

经过这样的发现才干、投入努力练习的过程之后，每个人都能找到独特的优势，成为自己的核心竞争力。

找到优势以后，就是如何充分发挥你的优势？

1. 找对环境：找一份你喜欢的工作。

优势在合适的环境里会事半功倍，比如擅长写作的人，找一份编辑、文案的工作会更得心应手，如果去做出纳、财务，可能会很崩溃。因此，你的工作最好是你喜欢的，做一份你喜欢并且擅长的工作，会让你更加投入，也更容易做出成绩。你要相信的是，这个世界没有坏工作，只有不适合的工作。

2. 反复强化，提高核心竞争力。

当找到了合适的工作，就能顺利发挥优势吗？不一定。因为工作是团队协作性的，除了要发挥你的优势，还需要很多别的能力，比如汇报工作的能力、和同事沟通协作的能力、在公司流程之下推进工作的能力等，都可能让你的优势发挥不出来。这时，更要放大你的优势，不断磨炼你的核心工作环节，比如你擅长策划，但是流程意识不强，那么只有你的策划足够牛，才能让领导容忍你的缺陷，让同事愿意配合和弥补你。

不断强化你的优势，让它逐渐变成你实打实的能力，可以为公司带来实打实的价值，这就是你的核心竞争力。它让你在这个公司里不可替代，当你在这个公司的时间再长一点，对公司的更多业务和规则更熟悉，你就离成为公司的核心人物不远了。那时候，就算你想跳槽，也会非常抢手。

3. 打造你的个人影响力。

我们应该都听说过自己行业的一些大神或前辈，他打造的产品、做出的决策等，让他成为行业内的佼佼者。这就是个人品牌，当你具备核心竞争力，也在行业内有一定积累和经验后，就可以有意识地打造个人品牌了。比如在公司里做分享演讲，去给别的公司讲课等，把自己的经验和积累整理成文，最好是形成体系表达出来，形成自己的口碑，慢慢地你的个人 IP 就形成了。

四、独特性决定你能走多远

每个人都有自己的特点,这个特点就是我们的独特性,就是我们要放大的地方。问一下我们自己,是不是更喜欢和有个性有特点的人交流,也更容易记住一个特点鲜明的人。

所以,你的独特性和差异化,才能让你走得更远。

我们打造自己独特性的时候,一定要借自己的特点来塑造自我价值,才能在人群中被人记住,在整个同行里脱颖而出。

因为,任何一个人都喜欢并习惯于从差异化去记住一个人。

比如张艺兴,最有特点的是他的努力和小绵羊般的呆萌,因此他没有打帅气、舞王的标签,而是以努力上进、呆萌无害的形象收获无数少女、妈妈的心,他也许不是顶流的男艺人,但是因为他的努力,让他成为不可替代的全面艺人"张艺兴"。

比如吴京,最有特点的是他的功夫,当中国功夫和中国力量结合起来,哪个中国人不"燃"起来。他可以打造出让全中国 High 翻的《战狼》,成功由二线演员转变成顶流的导演。

他们或他们的团队都非常了解独特风格的重要性,从而塑造了他们无与伦比的个人 IP 影响力,真正"出圈"。

在投资领域有一个说法"不求更好,但求不同",就是与其说你的项目比谁的更好,不如说你的项目独特之处在哪里,你的产品有什么差异点,你发现了什么别人没有发现的需求或者"秘密"。

所以,今天这个时代是个性化的时代,是属于每一个独一无二的个体时代,人如此,产品如此,项目如此!不要执着于自己的不好,不要过于在乎他人的看法,发现并放大自己的优势,相信自己,相信自己的未来，找到让自己快乐的事，做自己擅长的事，你就能成为你心中自信、自在的"最好的我"，最终，你也会成为别人向往的独一无二的"那个人"！

划重点：
在这个强调个性化的时代，需要不断强化自身的独特优势来让自己、产品、项目"出圈"。独特性意味着不可替代，是我们的核心竞争力，依托的是对目标的明确、专注以及有反馈的练习。

本章节的工具卡：
珍视你的与众不同吧，看看你与众不同的个性和优势是什么？
请写下你想到的，不要少于 7 条。
看看你最热爱并愿意持续投入的事情或者兴趣是什么？
请写下你想到的，什么都可以。

你要不要创业

创业是一场最深刻的修行!

在进入创投圈的这几年很多人问我要不要创业,创业的这几年最大的感受是什么?我把之前两段对话整理出来,这里的内容希望可以回答大多数人的问题,尤其是对创业有所期待,又有所顾虑的朋友们。

一、关于创不创,怎么创?

前几天见了几个老朋友,在世界 500 强待了很长时间,后续又去其他公司做到高管,一直想出来创业,但是又担心出来风险太大,于是来找我问问。我且把他叫作陈君。

陈君:玲伟,我想做一个应用开发,解决创业者在创业初期人力资源的基本需要,你觉得创业者会用吗?

V:挺好的呀,你有做这个的资源和能力,领导过大企业在这个方面的项目，今天我出来后还会想起你牵头的那个系统，非常好用，如果创业中有那样的应用简化版就好了，能给我们省好多事。

陈君：嗯，我想做这个事情想了两年多了，不过看到其他老同事做了类似的事情不太成功，觉得风险很大，当然他实际上不是这方面的专家，也没具体操作过。

V：那个项目找过我，有两个原因没有投：一是因为产品不好用，太复杂了，不是给小白用的，还是大企业流程管理思维，而不是极简的用户思维，用了几分钟没有感觉到流畅度和方便度就不想用了；二是整个团队一出来用投资人的钱给自己开的工资太高了，在没有产品、没有收益的情况下给自己的安全感和保障太多，感觉不像创业，缺少真正的生存压力和动力。

陈君：我现在考虑的是这样的……你觉得怎么用，有用吗？

V：有用啊，不过你的应用开发太复杂了，能不能少一点，比如HR123，就解决中小企业最基本的三个需要，你觉得他们三个基本需要是什么？

陈君：我觉得是……

V：我觉得还是太多了，三个减到一个吧，你觉得你能不能只解决这一个问题，所有企业都需要，你用最少的步骤，最简单的页面，最傻瓜的操作搞定这个问题，一个点给它打透，做到极简。

陈君：那我做一个……你觉得怎么样？

V：我也没法给你回答，建议是你尽快去做一个产品原型出来测试一下,如果做系统很复杂,就用 WORD 或者 PPT 去做一个这个功能的基本页面,然后去找 10 个创业者试试看,听听他们的看法。

陈君:好的,我先研究一下吧,想得再清楚一点。

V:因为你已经想这事想了两年了都没动手,如果你还要再想半年,我建议你彻底放弃创业的想法吧,继续做一个职业经理人也挺好。

陈君:我确实特别想创业,你觉得我这个项目应该去拿多少钱,你会给我投吗?

V:这件事情你自己有多笃定呢?你会自己给自己投吗?你会把自己所有的钱都放进去做吗?我建议你们两个人先自己投点钱试试,投钱了你就有成本意识了,你一开始别招太多人,先找几个学生按你的想法做一个样例出来,先去测试至少 10 个创始团队的创业者,我应该不是你的典型用户,因为我不够小白。去找真正的小白,看看他们用不用,用户会告诉你答案,一定要先去找用户,当你比投资人更懂用户才能打动投资人。如果你的产品好用,我一定是你的用户,甚至会帮你传播很多人来用,如果用了你的产品我很想传播,我就可能会投你。

陈君:好,那我马上去做。

V:等等,你知道我为什么让你找 10 个人吗?还有,如果 10 个人有 8 个人都觉得好,你肯定就去做了,那如果 10 个人 8 个人不喜欢,你会怎样?

陈君:那就不做了。

V:创业的逻辑其实未必如此,如果 10 个人有 8 个人都觉得好,你可以开始了;如果 10 个人有 8 个人觉得不好,你需要去问为什么不好,怎样调整你们才觉得好，你们最想要的是什么，通过不好也许你可以挖掘出真正的好，找到一个更精准的需求，所以，当10个人有8个人不喜欢，只能说之前是1.0版，通过测试和深度探究，你找到了2.0版，你再拿2.0版去跟这10个人测试，如果他们有8个人喜欢，你还要去问2个不喜欢的，为什么，也许又挖掘出更好的点，从而产生了3.0版，可能3.0版和1.0版已经完全不同了，但是你的产品越来越接近于用户的需求本身了。

这就是创业的节奏：小步快跑、快速迭代，每周都拿出一版，每周都和用户check一次，当用户都愿意主动推荐给更多的用户时，这个产品就有可能性了。

在大企业里是自己一定要想清楚，然后坚决执行，一旦拿出来被否定了，就认为自己错了，然后推倒重来。其实，你根本想不清楚，你过去的经验和认知根本不能生搬硬套在你没玩过的事情上，花再多时间思考也一样，只有干起来和用户进行及时的互动和验证，你才能找到继续向前的答案，所以用户说NO恰恰是产品向前的动力，你因此有了更精进的版本，离用户更近一步。

陈君：这个和过去在大公司真是不一样，不过确实是这样。

V：创业的价值就在于学会倾听用户，懂得动态向前，创业等于干法，不等于想法，更不等于学法。Done is better than perfect，这个是对于我们这些大公司出来的人是最大的挑战，也是最大的成长。

陈君：我买了三四套房，我家里还有没还完的房贷，我也有两个娃……

V：创业到底对你意味着什么呢？如果你可能损失一套房你会怎样呢？创业精神我的理解在于：勇气、担当、坚持和选择！你认为你还有勇气吗？如果没有你就彻底放弃吧。但如果这件事情，你想的每天睡不着觉，那你就干脆出来干干试试，没准成了呢，至少你试过了，你可以完全按照你自己的想法去试一次。

我认为创业是人生中最极致的一种体验，如何去探索自己的能力和认知边界，如何去把握和理解用户进行快速行动和迭代，不受限于机制，不受限于上级，所有的瓶颈和可能都来自自己，如何认知自我实现突破，这个对我而言是最大的挑战，也是最大的自由，不知道对你是不是这样，如果是，其他一切都不是理由和借口。如果确定开始，就不要给自己过多退路，要做就应该是一场 ALL IN 的旅程。

交流完，我仍然不确定老朋友会不会去做，因为这件事对于他真的不那么安全，也不那么确定，"勇气"这件事绝不是说说而已。还有和用户一起滚动向前的打法确实和过去他所习惯的很不一样，但是毕竟他心里有火，有梦想，有能力，也有资源，没准真的就去创了呢。

二、关于你为什么创业的对话

以下是和一个好朋友的交流，她也是一个知名媒体的记者，所以我们聊得很多。我叫她刘君。

刘君：你顾得过来孩子吗？每天那么忙？

V：我估计自己是始终做不到一个天天待在家里、心里只有孩子的妈妈，面对孩子总有愧疚，但是我们只能按照自己真实的模样生活，包括面对孩子。和孩子一样，每个人都是独立的个体，只有活好自己，按照自己希望的方式灿烂的生活、坚强且坚定、自在而有爱、正直而开阔，那才是孩子最好的榜样。

刘君：你平常都怎么陪你的小孩？

V：我不太把孩子当孩子，我会和他们讨论一些大人的话题，会和他们谈关于男朋友女朋友，怎么选大学，人应该怎么活着，应该怎么思考。我经常会和女儿说，读书学习是你自己的事，不是我的事，学好了不是为了当学霸，而是让自己有更大的自由选择的权利。

我会看我女儿的动漫和儿子的绘本，也会推荐我的一些书给我女儿看，比如《未来简史》《人类简史》等。我会和孩子一起学英文歌。现在孩子懂得很多，必须尊重他们独立思考的能力，也要珍视他们纯净善良的天性。

陪伴两个娃的时间太少，但是每天出门都会和孩子亲亲抱抱，每次回来都会告诉孩子妈妈很爱你，你是最棒的儿子和女儿。

刘君：你对你的孩子严厉吗？你是个慈母还是虎妈？

V：还好吧，有时很严厉，但还是比较开明，我给我孩子的空间比较大，大部分事情让他们自己选择。

刘君：你对和孩子的关系满意吗？

V：对于和孩子的关系，我觉得还好，但是平常我太忙了，陪伴的时间太少，所幸他们都非常阳光开朗，人缘也非常好，在学校里都是非常受小朋友喜欢的孩子。

刘君：你觉得目前的创业算成功吗？你怎么定义创业成功？

V：还在路上，过程很重要，在这个过程中认识了一些比自己优秀很多的人成为朋友，这已经是最大的收获。好多在进入创投圈才认识的好友，一路相伴、鼓励和关怀，有他们在就觉得自己还能走得久一些。

刘君：你觉得创业最难的是什么？

V：管理团队。过去总和团队争辩，然后背地里又觉得自己不对。现在已经不和自己、不和团队较劲了，这一年是这么多年来最艰难的一年，每个月都活得不容易，可是我们又来到下个月，还有那么多人一直在你身边，无论做出什么对的错的甚至不过大脑的决定，还始终支持和相信你，这已经是最大的幸福了。

刘君：你怎么看待创业这件事？

V：创业是一件艰辛的事，身边这一年从远及近屡屡有认识的朋友出现意外，创业再难都要保持身心健康。

创业是人生最深刻的修行。有时候会听自己的声音，从中觉察自己的变化，平静还是焦虑，勇敢还是莽撞，自信还是自负，能够跳脱出来审视和观察自己就很好了。

刘君：创业中你觉得最大的突破是什么？

V：其实最大的突破在于自我认知，清醒地看自己，觉察自己，尝试突破当下的自己，总能跳出自己当下的圈层来看自己，你的认知就是无边的。

有时候会觉得自己变了，匆忙劳累焦虑会变成自己不喜欢的样子，其实，声音和身体都会时刻告诉我答案，调整过来，抛弃所有的姿势，关键是你的初心要在，你想做自己想要的样子，温暖、有趣、明亮，又充满了人文关怀。

知道这一点，就够了。

刘君：这几年你创业感受最深的是什么？

V：自己成长得太慢，有很多思维、行动和表达的惯性，需要突破。创业就是一个自我成长的过程，包括能力、认知力和心智模式的成长，其中心智模式最为重要。

和过去相比，创业中你所受到的挑战真是前所未有的，所以能够始终保持初心，始终保持积极和阳光的态度，始终坚持创造价值，始终在学习和成长，就是成功的创业。

刘君：你最欣赏什么样的企业家？

V：前一段我在朋友圈写了一段话："人能够受到尊敬，往往因为四个层次，依次往上分别是：1. 能力；2. 思想；3. 价值观；4. 格局。"

能够四者兼具的往往堪称伟大，而如果一个都没有，就可能是长着成人身体的巨婴，人、企业皆如是。通过这句话也回答了你的问题吧，我不知道自己会不会成为一个企业家，但是希望自己是一个懂得尊重他人和受到尊重的人。

刘君：如果让你用人生就是……来形容，你会怎么说这句话？

V：我曾经看过有人说，人生就是自己和自己的妥协，自己和世界的妥协，说的有一定道理，但是妥协这个词太消极，似乎是和不好的地方低头。

换一个词吧，人生就是自己和自己的握手，自己和世界的握手。你拥抱自己、悦纳自己，同时也拥抱他人、拥抱世界。

刘君：你觉得自己最好的角色是什么

V：我觉得自己最好的角色应该是做朋友，做亲人和做公司的创始人，我都容易苛责，而作为一个朋友我不喜欢在里面出头，做一个有参与感和能够倾听的人就好，朋友们去玩带上我，我是个什么话题都能聊的人，也是个玩心很重的人。

刘君：你觉得你的朋友会怎么评价你？

V：大概会说我是一个很真实、率性的人吧。大概喜欢我的人会很喜欢我，不喜欢的就很不喜欢，这个年龄了，不会为了让别人喜欢而活着。

刘君：在创业中你对自己最不满意的是什么？

V：情绪，我还是不能很好地控制自己的情绪，我说话不会绕弯子，说话经常说得比较直，批评的比表扬的多。

有时候觉得为什么会对家人和小伙伴发脾气呢，因为近，比较放肆，还有觉得对他们有责任直接指出来，但反过来想还是自己素质不够、修养不够。

刘君：你最喜欢的状态是什么？

V：宁静！在任何时候都能够掌控自己的情绪，从容而自在。走的每一步都很坚定和踏实。

刘君：关于宁静，你能够举一个例子吗？谁是这样的人？

V：你问的时候我想到的是杨绛，从容而自如，内在充满力量，生命无比丰盈。但是杨绛先生后半生活得太苦了，看《我们仨》哭了好多次，我还专门给杨绛先生写了一封信，但最后也没有寄出去。

我希望我 50 岁以后的人生比之前还更加丰富多彩，50 岁之后我希望我能去海外游学，去学校再学习，去没到过的地方走一走，学一个没学过的乐器，再多学几门语言。

刘君：如果不做你手上的这件事，你还有可能做什么？

V：哈哈，好问题，我还想做什么？

做一个创业大学吧，不是针对创业者和企业主，而是针对大学生，完全让大家干出来，开学就是创业定点和组建团队，毕业即项目路演，里面有专业化的工具和专业化的引导，没有导师，只有引导师。

让孩子们当主角，让孩子们真正做完整的项目，完全区别于当下的创业教育。然后再定期做点公益，告诉小朋友们什么是"创业"，什么是"创新"，什么是"创造"，怎样去做一个小小的创业创新，怎么去做一个路演……说来说去，好像还是与创业创新教育有关。

最后写给自己，也写给每一位在路上的创业者：愿你披荆斩棘、过尽千帆，归来仍是少年，仍有乘风破浪从头再来的勇气、热情、果断和坚决；愿你仍是那个勇于行动突破自我，敢为天下先的改变者和引领者！

划重点：

创业是一场考验自身勇气和耐力的修行，只有学会倾听用户、测试用户来迭代产品、用最快速简便的方式方法解决用户需求以达到用户主动传播的效果，产品才可能被认可，创业才可能成功。

本章节的工具卡：

给你最后一个礼物，AA 的《改变者宣言》，试着站起来，读一遍，你看看你是否心潮澎湃，是否有想要改变的动力和热情？

改变者宣言

我，致力于成为一个真正的改变者，
我会尽己所能，为梦想全力驱动。
我会不断跌倒，直至走向成功。
我会步步为营，也会勇敢战斗。
我会目光长远，同时宽厚待人。
我拒绝墨守成规、安于现状。
我始终坚守初心，执念前行。
无论前路如何，遇何人，做何事，
我将始终追求公平、开放、健康和真正的改变。
改变者绝不是苦行僧，
而是不断挖掘潜力发现乐趣，
用持久的激情和热爱，
去探索世界的未知，去推动人类的进步。
我会谨守诺言，
做对自己、对他人、对世界有价值的事，
让这个世界更美好、更有效、更丰盛。
只有那些疯狂到以为自己能够改变世界的人，
才能真正地改变世界。
而我，会是那个改变者！

图书在版编目（CIP）数据

为改变而生/吴玲伟著. —— 成都：四川文艺出版社，2020.11（2021.4重印）

ISBN 978-7-5411-5829-2

Ⅰ.①为… Ⅱ.①吴… Ⅲ.①成功心理—通俗读物 Ⅳ.①B848.4-49

中国版本图书馆CIP数据核字(2020)第200961号

为改变而生

吴玲伟 著

出 品 人	张庆宁
出版统筹	赵丽娟　杨　琴
选题策划	木本水源　众和晨晖
责任编辑	彭　炜
责任校对	汪　平
特约编辑	胡文哲　杨培鑫
封面设计	李　一
版式设计	唐　昊

出版发行　四川文艺出版社（成都市槐树街2号）
网　　址　www.scwys.com
电　　话　028-86259287（发行部）　028-86259303（编辑部）
传　　真　028-86259306

邮购地址　成都市槐树街2号四川文艺出版社邮购部　610031
印　　刷　大厂回族自治县德诚印务有限公司
成品尺寸　145mm×210mm　开　本　32开
印　　张　9.25　字　数　230千
版　　次　2020年11月第一版　印　次　2021年4月第二次印刷
书　　号　ISBN 978-7-5411-5829-2
定　　价　49.80元

版权所有·侵权必究。如有质量问题，请与出版社联系更换。028-86259301

让改变发生的52件小事

实用手册

吴玲伟 ◎ 著

俞敏洪 | 盛希泰 | 樊登 | 张泉灵 | 林少

— 联合推荐 —

我，
致力于成为一个真正的改变者，

我会尽己所能，为梦想全力驱动。
我会不断跌倒，直至走向成功。
我会步步为营，也会勇敢战斗。
我会目光长远，同时宽厚待人。

我拒绝墨守成规、安于现状。
我始终坚守初心，执念前行。
无论前路如何，遇何人，做何事，
我将始终追求公平、开放、
健康和真正的改变。

改变者绝不是苦行僧，
而是不断挖掘潜力发现乐趣，
用持久的激情和热爱，
去探索世界的未知，
去推动人类的进步。

我会谨守诺言，
做对自己、对他人、对世界有价值的事，
让这个世界更美好、更有效、更丰盛。

只有那些疯狂到
以为自己能够改变世界的人，
才能真正地改变世界。

而我，
会是那个改变者！

——《改变者宣言》

1. 每天睡觉前 10 分钟清空总结

1. 我今天最大的收获是?

2. 我今天最欣赏的人是? 为什么?

3. 今天我完成了哪些目标? 还有哪些没有完成?

4. 明天我一定要完成的一件事是?

2. 把最想做到的事情公示化

完成时间

目标

如何衡量是否完成

计划何时以什么形式向谁展示成果

见证人签字（至少三位）：

3. 设立月度"无手机日"

一个月给自己设立一天无手机日,这一天不玩手机、不插电,把眼睛从屏幕面前移开,认真看看你身边的人和世界,好好感受一下生活的美好。(做到了就在框里打勾)

01月　　日	02月　　日	03月　　日
☐ 无手机日	☐ 无手机日	☐ 无手机日
04月　　日	05月　　日	06月　　日
☐ 无手机日	☐ 无手机日	☐ 无手机日
07月　　日	08月　　日	09月　　日
☐ 无手机日	☐ 无手机日	☐ 无手机日
10月　　日	11月　　日	12月　　日
☐ 无手机日	☐ 无手机日	☐ 无手机日

4. 建立自律原则

行为自律：比如 每天早睡早起，11点前睡，7点前起床；
　　　　　你的三条：_____
　　　　　　　　　 _____
　　　　　　　　　 _____

语言自律：不去评判和指责，尤其是不说"你不行"；
　　　　　你的三条：_____
　　　　　　　　　 _____
　　　　　　　　　 _____

思想自律：每天给自己一段不受打扰的时间，发展自己的独立思考和深度思考能力。
　　　　　你的三条：_____
　　　　　　　　　 _____
　　　　　　　　　 _____

5. 坚持 21 天长跑,享受和自己独处的过程

去跑一个你没有跑过的长跑,1 公里 2 公里 5 公里……都可以。

21 天打卡记录,然后每天做到就在格子里打勾。

6. 在计划时间内读完一本你想读的书

不是电子版的那种,是纸质版图书,一周,10 天,或者一个月。

计划 ____ 天,
从   月   日到   月   日

阅读书月:

7. 给自己安排一次一个人的旅行

去一个你一直想去的地方,无论近或者远。

计划

从　月　日到　月　日

去哪里:

希望找寻:

8. 吃饭时不碰手机

吃饭就是吃饭，吃饭的时间绝对不碰手机。

计划：

从　　月　　日到　　月　　日

9. 好好睡觉

睡觉前半小时绝对不看手机,通过冥想或清空日记,清空脑中的所有杂思,为纯粹的睡觉做准备。

10. 认真和家人沟通

和家人沟通的时候,看着他们的眼睛,认真听进他们说的每一个字。

11. 每天发现一件有趣的事情

总是发现、遇见有趣的灵魂、有趣的事情,你也会变成那个你想成为的人

今天有趣的事:

12. 用自黑、自嘲应对别人的批评

当别人批评你时，不妨试试自黑、自嘲一番，"您说得对，我不仅，而且……"，自黑到让人叹为观止，无处可再黑。

13. 有了想法就去做

与其想清楚,不如干起来,对一件你看起来只想明白 5 分的事情,先迈出第一步,让改变发生,然后在干中去增加另一半认知。

14. 跳出自己审视自己

每周对自己开展一次自我表扬和自我批评。

我做得非常棒:

我需要改进的:

15. 和优秀的朋友交流

每个月找到 1-3 个你觉得比你优秀很多的朋友,面对面交流,记下和他们交流的收获和启发。

朋友:

收获:

16. 21 天专注于一件你觉得有价值的事

比如每天看 30 分钟的书籍,这 30 分钟不要把手机放在旁边,看完之后,然后做一个小的摘抄。

21 天打卡记录,然后每天做到就在格子里打勾。

17. 尝试精读一本好书，完成一次从"知"到"识"的升级过程

第一步：快速读完一本书，能够给人介绍这本书大致是讲什么的，故事梗概是什么。

☐

第二步：精读这本书，认真阅读每一章节，对好句画上横线，在有想法的地方可以直接做上注解。

☐

第三步：在精读完一遍之后，在 3 天内写一篇不少于 1000 字的读书笔记，里面至少包含 3 个来自你自己的观点。

☐

第四步：定一个时间，给你的朋友或者团队做一次不少于 30 分钟的分享，让知识成为你自己的一部分。

☐

完成每一步请在格子里打勾

18. 请拿出一个小时，给你的朋友圈做一个梳理和分类吧

1. 哪些是朋友圈里的安全基石，对你最重要的人，你要保持定期沟通的，写下 5 个名字：

2. 哪些是你最亲密的工作伙伴，写下 5 个名字：

3. 哪些是在成长中可以成为你导师的人，写下 5 个名字：

19. 保持开放

让自己保持开放、新鲜的方式有哪些,写下来看看,也可以和家人朋友一起来做,一起聊聊。

20. 即时记录

准备一个小本子,有好的想法立刻记在上面,不要偷懒,无论几个字都可以记录。

在手机的录音器上建立一个文件夹,随时录下你当下的灵感和想法。

21. 即时分享

做到每天在朋友圈分享一篇你觉得不错的或者有趣的文章,并给这个分享加一段话,你为什么分享,它好在哪儿?

22. 连续 7 天，每天拿出 10 分钟，进行一个"佛系"的体验：

1. 盘腿、闭眼，进行 5 次深呼吸，什么也不必想。

2. 写下三个今天要全力以赴完成的"小目标"，前提是你确认你可以完成，然后无论如何把它完成。

   目标一：

   目标二：

   目标三：

23. 反转内心"两个小鬼"

当你发现你的心里住着"两个小鬼",不要惊讶,这是大多数人都会存在的"人性",让我们一起,通过刻意练习来进行反转吧:

1. 当你发现,"我做 _____ 不行"
   问问自己:如果我做 _____ 是 OK 的,那是因为什么呢?写下来 3 条原因。

   _____ 、 _____ 、
   _____

2. 当你总是想抱怨他人,"都是他不好,因为他
   _____"
   问问自己:如果他是 OK 的,他很好,那是因为我做了什么,给到他支持和帮助?写下来你可以去做的 3 件事。

   _____ 、 _____ 、
   _____

24. 尝试把表扬、批评和平等沟通三种方式区别出来

哪些是表扬的语言:

比如:你就是最棒的、你最牛……

哪些是批评的语言:

比如:你不对、你做的太差了、你又是这个糟糕的态度……

哪些是建立平等沟通的方式:

比如:对于这个事情,你怎么看?这很有趣,你能告诉我为什么你会这么想?

25. 做一个 5W1H 的反复练习

凡事都问自己这样五个问题：

在哪里（WHERE），和谁(WHO)，做什么(WHAT)，为什么(WHY)，怎么做（HOW）

何时开始和何时完成（WHEN）

26. 做一个关于自己个人使命和价值观的探索

如果你真的成为那个你最喜欢的人,那是一个什么样的人呢?

这个过程如同登山,第一个过程因为你做对了什么?

第二个过程因为你做对了什么?

最难的时候,你坚持了什么样的信念和原则?

当你真的成为那样一个人时,你会怎么评价自己的改变?

27. 学习优秀的学习方法

学习"怎样学习",根本在于学习优秀的学习方法,而不是学习一个案例、一个答案、一个结果,你最近如果有看到你身边非常优秀的人或者企业,你可以试着去拆解一下他"为什么"。

28. 掌握复盘的方法

计划目标:

我今天计划完成什么?(不要超过 3 件事)

何时 _____ ,完成何事 _____ ,目标是 _____

何时 _____ ,完成何事 _____ ,目标是 _____

何时 _____ ,完成何事 _____ ,目标是 _____

差距比较:

和计划相比,实际上

完成了 _____ ,提前了 _____ ,完成率 _____%

未完成 _____ ,拖延了 _____ ,完成率 _____%

总结规律:

做得好的原因 _____

做得不好的原因 _____

改进行动:

继续做 _____

停止做 _____

开始做 _____

29. 带着好奇心去提问题

对一天中你接触到的新人、新事、新知都产生好奇：
这到底是一个什么样的人或事，我很好奇他的 3 个方面是什么？

1.

2.

3.

30. 提有力量的问题

试着和身边的一个同伴（家人、同事、朋友、客户都可以）进行一次半个小时的交流，看看你是否在对话中提出有力量的问题，把你觉得最好的问题记录下来。

31. 问自己三个问题,看你能不能全心投入在一件事情里

1. 这个事情是我真心想做的吗?

2. 这个事情对他人和社会有实际的价值吗?

3. 这个事情我能一直做下去,做到老吗?

32. 用五个关键要素练习讲一个故事

人物:

主题:

情节:

矛盾:

解决方法:

33. 做一个正式场合的演讲准备

1. 先为自己设计一个名字的介绍,让大家记住你;

2. 提前向主办方了解这个场合的主题是什么,为自己的演讲起一个切合主题的好标题;

3. 提前做一下开场的准备,设计一个大家都会感兴趣的问题,或者一个和主题相关的小故事,让大家的关注力完全聚焦到你的话题上。

34. 做关于气场的小练习

- 抬头挺胸
- 保持微笑
- 双脚一个肩膀宽站立
- 可以在演讲台中央点的左右两米走动
- 保持眼睛看向第一排观众
- 双手始终打开,朝前朝上
- 目光坚定不漂移

35. 练习让别人舒服的说话方法

1. 不进攻
2. 不刻意奉承
3. 不随意评判和指责
4. 不喧哗
5. 不虚伪
6. 不骄奢傲慢

36. 连续 30 分钟只问开放性问题

什么是开放式,就是给出一个问答题,让对方滔滔不绝陈述场景和回答。

什么是封闭式,就是给出一个选择题,只有 YES/NO 这样唯一性的选择。

37. 学习示弱

和看起来比你弱小的人真诚地道歉,说出"对不起""我错了"。

38. 和你的孩子换个角色

你当一天孩子,让她/他当一天家长。

39. 和你的员工做一次角色互换

你当员工，让他们轮流当领导进行一个主题化的讨论和决策。

40. 进行一次生命的探索

1. 我们到底希望过怎样的生活?

2. 我们希望活出怎样的人生?

3. 我们想给予自己和他人怎样的认同感和期待感?

4. 我们内在的安全感和舒适感来自于哪里?

41. 做一个归零的练习

如果现在你身无分文、经济进入从未有过的困境,你需要去做三件事让自己走出困境,你会怎么办?

如果你的家人和朋友都误解你,都离你而去,你需要去做三件事让自己走出困境,你会怎么办?

如果你的工作伙伴都觉得你做的事情没有前途,纷纷离你而去,你可能很快会被裁员,或者你的企业很快就面临破产,你需要去做三件事让自己走出困境,你会怎么办?

42. 对于今天遇到事情,连续问 5 个为什么

当每一个为什么的答案出来后,继续接着问下一个为什么,5 个"为什么"之后,相信你会获得没有想到的深度。

1.

2.

3.

4.

5.

43. 每天坚持运动

项目:

从　月　日到　月　日

44. 培养一个想做而一直没做的兴趣爱好

目标:

计划:

45. 每周读一本有益身心的书

从　月　日到　月　日

书名清单：

46. 感受环境

闭上眼睛,用 3 分钟感受环境中各种细微的声音。

47. 感受别人的心情

你可以和朋友静静地对视 3 分钟,用眼睛听见她此刻的心情。

48. 感受别人的情绪

和人对话的时候,不仅听,还去感受他的情绪、表情、动作,去发现他语言背后的"语言"。

49. 心智模式的自我探索

1. 你是不是非常容易被情绪左右你的判断，经常陷入那个人对你不好、那个人说了你什么等情绪里？如果是，你通常会采取什么方式走出来？

2. 你同意心智模式才是一个人成长的底层操作系统吗？你如何评价发展心智模式这件事对你的重要性？

3. 你是一个脆弱的人，还是一个刚强的人，还是一个具备反脆弱能力的人？

4. 在面对挫折和失败的时候，你是会被失败俘虏，还是成为最终走出失败的那个受益者？

50. 挖掘关于"你"的产品

---

1. 给自己找个定点，你在输出内容上最可能坚持做到的事情是什么?

2. 给自己找一个平台，你最可能学会运用的平台是什么? 微博、抖音、视频号、直播、微信社群……

3. 尝试做一个产品放上去，然后推送给你的朋友们看，听听他们的反馈。

4. 根据他们的反馈，优化你的内容，继续转发听取他们的反馈。

5. 直到有一个是他们中大部分人都喜欢的，可以邀请他们帮你转发传播起来。

51. 珍视你的与众不同

写下你与众不同的个性和优势,不要少于 7 条。

1.

2.

3.

4.

5.

6.

7.

52. 看清你的热爱

你最热爱并愿意持续投入的事情是什么?